·饮用水水源保护知识丛书·

深圳市饮用水源保护管理办公室　资助项目

饮用水水源保护知识

低阶版

张修玉　肖敏志　滕飞达　胡习邦　马秀玲◎主编

中国环境出版集团·北京

图书在版编目（CIP）数据

饮用水水源保护知识：低阶版 / 张修玉等主编. --北京：中国环境出版集团，2022.5

（饮用水水源保护知识丛书）

ISBN 978-7-5111-5131-5

Ⅰ. ①饮… Ⅱ. ①张… Ⅲ. ①饮用水—水源保护—深圳—普及读物 Ⅳ. ① X52-49

中国版本图书馆CIP数据核字(2022)第073874号

出 版 人 武德凯
策划编辑 陶克菲
责任编辑 林双双
责任校对 薄军霞
装帧设计 艺友品牌

出版发行 中国环境出版集团
（100062 北京市东城区广渠门内大街16号）
网 址：http：//www.cesp.com.cn
电子邮箱：bjgl@cesp.com.cn
联系电话：010-67112765（编辑管理部）
010-67112739（第三分社）
发行热线：010-67125803，010-67113405（传真）
印 刷 北京市联华印刷厂
经 销 各地新华书店
版 次 2022年5月第1版
印 次 2022年5月第1次印刷
开 本 880×1230 1/32
印 张 3.75
字 数 150千字
定 价 28.00元

编委会

目录

第一课
生命之水

第一节 水的重要性

没有水的世界

小朋友们，让我们想象一下：假如地球上没有水，会出现什么情景？

如果地球上没有水，那么河流会消失，我们再也看不到奔腾不息的长江和波澜壮阔的黄河；如果地球上没有水，那么文明会绝迹，李白也不能写出“飞流直下三千尺，疑是银河落九天”的诗句；如果地球上没有水，世界将变成一片荒漠，没有蔚蓝的海洋，没有茂密的森林，土壤将不再湿润，沙尘将不断增多；如果地球上没有水，世界将变得死气沉沉，水中将没有游来游去的鱼儿，天空将没有欢唱的小鸟，山野将没有凶猛的老虎。

没有水的地球

我们能在没有水的地球上生存吗？没有水，就没有棉毛制衣；没有水，人们就无法种植粮食；没有水，房屋建造将缺少必要的木料；没有水，我们会失去很多风景。没有水，人类根本无法生存。事实上，没有水，地球也将没有生命。

水与唐诗

《望庐山瀑布》

【唐】李白

日照香炉生紫烟，遥看瀑布挂前川。

飞流直下三千尺，疑是银河落九天。

水与宋词

《念奴娇·赤壁怀古》节选

【宋】苏轼

大江东去，浪淘尽，千古风流人物。

故垒西边，人道是，三国周郎赤壁。

乱石穿空，惊涛拍岸，卷起千堆雪。

江山如画，一时多少豪杰。

母亲河——长江

水与歌曲

《长江之歌》

词：胡宏伟　曲：王世光

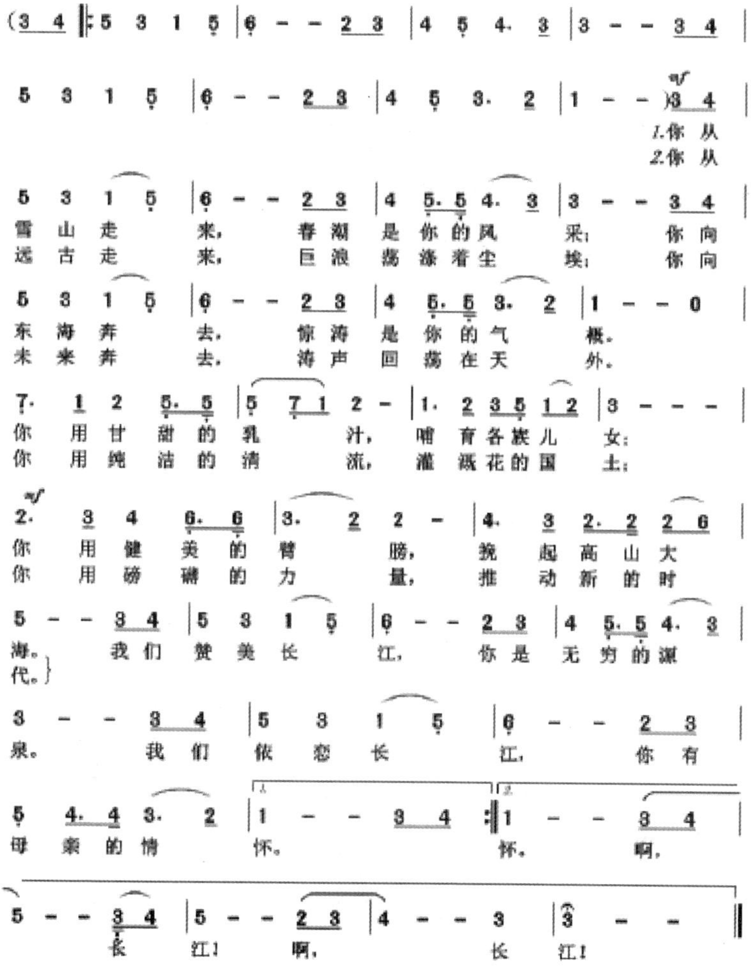

地球——水的星球

为什么地球被称作“水的星球”呢？首先想到这一名字的可能是宇航员，因为宇航员在太空遥望地球，看到的水域面积要远大于陆地面积，因此把地球称为“水的星球”。

地球是一个液态水十分丰富的星球，从太空望过去，地球表面分布的是一望无际的海洋。同学们知道吗？海洋的面积占据了地球面积的71%。地球表面的海洋被大陆板块分成了四块

从太空看地球

区域——太平洋、北冰洋、大西洋和印度洋。

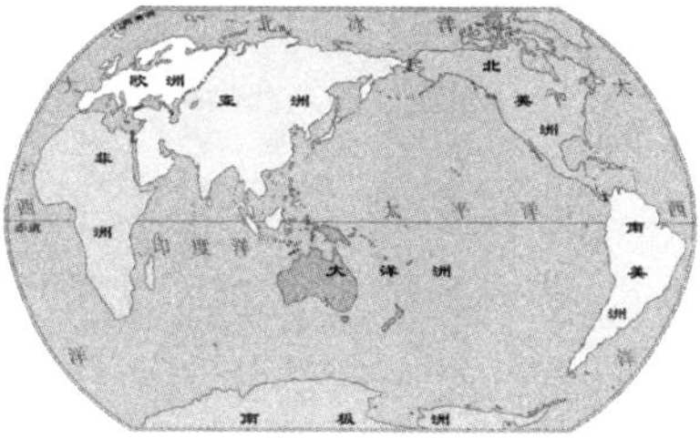

四大洋

太平洋

太平洋是世界上面积最大的海洋，它的总面积约为 18 134.4 万 km²，几乎占世界海洋面积的一半，约占地球表面积的 36%，相当于 10 个南美洲，18.9 个中国。太平洋平均深度 3 957 m，海水体积约 72 370 万 km³，太平洋的浅海渔场面积约占世界各大洋浅海渔场总面积的 1/2，海洋渔获量占世界渔获量的 50% 以上。

同学们知道“太平洋”的由来吗？1519 年，麦哲伦在环球航行途中进入一个海峡，海峡内惊涛骇浪，但是驶出海峡时却风平浪静，于是称这片海洋为“太平洋”，因为这个名字很吉祥，

太平洋

所以得到了全世界的认可。

北冰洋

北冰洋位于北极，大致以北极圈为中心，它终年冰封。北冰洋的总面积约为 1 475 万 km^2，是四大洋中面积最小的海洋。北冰洋虽然面积小，但是却具有重要的战略意义，因为就海上运输来说，如果能够开通北冰洋航线，那么从中国出发，穿过白令海峡，然后沿着俄罗斯北方海岸一路向西，就能到达欧洲。理论上，北冰洋航线不到 7 000 海里①的航程，与传统的欧亚航道相比，节省了 4 000 多海里的航程和 40% 的航行时间。

“北冰洋”这个名称来自希腊语，意思为正对北斗七星的海洋。1845 年，在英国皇家地理学会年会上，“北冰洋”被正式命名。

北冰洋

① 1 海里 ≈1 852 米。

大西洋

大西洋总面积约为 9 166 万 km^2，约占世界海洋面积的 25%，它是地球上第二大洋。由于大西洋靠近欧洲和北美洲，因此有不少欧美文学作品和影视作品跟它相关。莎士比亚的《暴风雨》中有一个关键剧情的场景就设定在大西洋的百慕大群岛，因此大多数文学家都认为《暴风雨》是一部不折不扣的大西洋戏剧。电影《泰坦尼克号》中女主角站在船头张开双臂的场景，也是设定在大西洋的航线上。

大西洋上的百慕大群岛

大西洋的命名源于古希腊神话中的一位大力神，传说这位大力神住在极远的西边，人们看到大西洋海域宽广，以为那就是他的栖身之所。1845 年，英国皇家地理学会将这片海洋命名为“大西洋”。

连接印度洋和太平洋的马六甲海峡

印度洋

印度洋总面积约为 7 056 万 km^2，约占世界海洋面积的 19.5%，它的面积在四大洋中居第三位。印度洋平均水深 3 840 m，仅次于太平洋，海洋深度位居四大洋第二位。

印度洋在世界海洋中的地位十分重要，它是联系亚洲、非洲和大洋洲之间的交通要道；印度洋沿岸各国出口石油、矿砂、橡胶、棉花、粮食等大宗货物，是世界资源的一个重要出口地；印度洋承载着世界上大量的过境运输，拥有世界 1/6 的货物吞吐量和近 1/10 的货物周转量。可以说，谁控制了印度洋，谁就掌握了世界经济的钥匙。

1497 年，葡萄牙航海家达•伽马绕道非洲好望角，向东寻找印度大陆，将所经过的海洋称为印度洋。1570 年，世界地图集正式将其命名为“印度洋”。

水与生命起源

地球上的生命是如何诞生的？关于这个问题，一直到现在，科学界也无定论。多年来，科学家们一直在寻找地球生命起源的答案，提出了“原始汤”起源说、海底热液起源说、黏土起源说等科学假说。但是，无论是哪种假说，绝大多数科学家一致认为水是生命之源。

“原始汤”起源说

关于地球生命起源有非常多的科学假说，其中一个主流的看法认为生命诞生于“原始汤”。科学家认为，距今40亿年前，地球的海洋中就产生了存在有机分子的“原始汤”，这些有机分子是闪电等能源与原始大气中的分子发生化学作用而形成的。

最早的有机小分子在地球上原始海洋的“原始汤”中产生后，经过长期积累和相互作用，在条件适宜的情况下形成有机高分子物质。有机高分子在海洋中越积越多，相互作用，凝聚成小滴，构成一个独立的多分子体系，漂浮在海面上，进而演变成具有原始新陈代谢作用和能够进行繁殖的原始生命。

海底热液起源说

近年来，有一些科学家提出生命起源于海底热液喷口。随着对海底热液喷口及其生态系统研究的深入，科学家发现深海热液环境与地球早期的环境非常相似。海底热液喷口有稳定的液态水环境，并且有化学梯度，有利于从有机小分子到有机大分子发生化学反应。此外，海底热液喷口附近有比较丰富的金属矿物，有机化学反应需要催化剂，而这些金属矿物就是非常好的催化剂，因此海底热液喷口有利于原始生命形成。科学家猜想，正是在早期海洋海底热液喷口周围，生命开始悄悄地萌芽了。

一些科学家根据“分子进化时钟”的基因测序，勾勒出地球上所有生物的“生命进化树”。他们发现，位于“进化树”根部，代表着地球上所有生物“共同祖先”的微生物，绝大多数是从海底热液环境中分离得到的超嗜热古菌。这些微生物能够完全适应古代海洋苛刻的环境条件，是生命起源于海底热液喷口的核心证据。

“生命进化树”

黏土起源说

小朋友们听过“女娲造人”的神话故事吗？传说盘古开天辟地以后，天上有了太阳、月亮和星星，地上有了山川草木，有了鸟兽虫鱼，唯独没有人类。有一天，女娲在河边用黄土照着自己的样子捏了一个个小人，之后世界上便有了人。

“女娲造人”是一个神话故事，但是生命起源于泥土或许是真的。一种新的科学理论认为，黏土可能是地球上生命的发源地，早期黏土在海水里形成水凝胶，这些水凝胶对生物分子和生物化学反应起到了约束作用，几十亿年间，被限制在这些空间里的化学物质进行了非常复杂的反应，形成蛋白质、DNA，最终促使活细胞正常运行。

从鱼到人

1976年，科学家在我国云南省禄丰县的石灰坝煤窑中发现了一个拉玛猿类型的下颌骨化石，这是世界上发现的众多古猿

从猿到人的进化

标本中最完整、最接近人类的古猿标本。2009 年，在埃塞俄比亚发现的零碎古猿化石拼出一副女性骨骼，科学家给她取名为“阿尔迪”。因此，科学界普遍认为现代人类是从古猿进化而来的。

但是，小朋友们有没有想过我们人类还拥有鱼类的基因？2004 年，科学家们在加拿大北极群岛的埃尔斯米尔岛进行科研考察时，发现了一种鱼类古化石——提塔利克鱼。令人惊奇的是，提塔利克鱼不仅有鱼类的基本特征（如鱼鳃、鳞屑和鳍片），还有陆地智慧生物的特征，有可转动的脖子和强壮的胸腔，而且鳍片中的骨头类似于人类的手和手腕骨骼。

提塔利克鱼

物种演变

水与人体健康

水是人体的重要组成部分

小朋友们想一想，人体中含量最多的物质是什么？没错，人体中含量最多的物质就是水，在正常情况下，人体内的水分约占其体重的2/3。人体中的水分会随着年龄的增大而减少，因此，年龄越小，体内的水分所占的比例就越大；年龄越大，就越需要补水。一般来说，在母体中孕育的胎儿，水分占体重的比例约为95%；当出生落地成为婴儿时，水分占体重的比例约为75%；成年后，水分占体重的比例降为60%左右；而到了老年，水分占体重的比例就降到了50%左右。

在成人的各个器官组织中，水也是重要的组成部分：大脑脑白质含水量约为70%，血液含水量约为83%，肺含水量约为

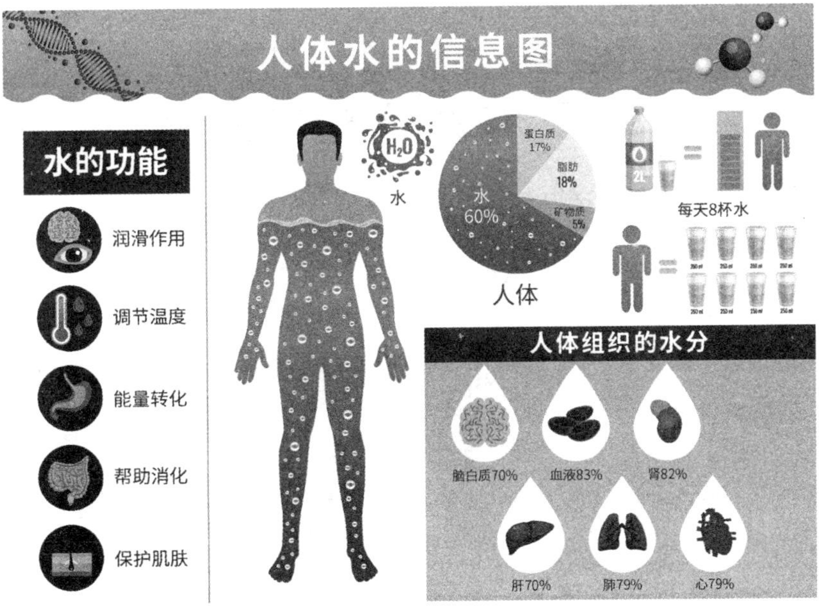

人体各器官组织中的含水量

79%，心脏含水量约为 79%，肝脏含水量约为 70%，肾脏含水量约为 82%，皮肤含水量约为 72%，肌肉含水量约为 76%，就连骨骼的含水量也在 16%~46% 左右[①]。

人体内水的流动

人体生理活动是依靠水进行的，让我们来看看水在人体中是怎么流动的吧。

①**水的进入：**水经口饮入，快速通过食道进入消化器官中，

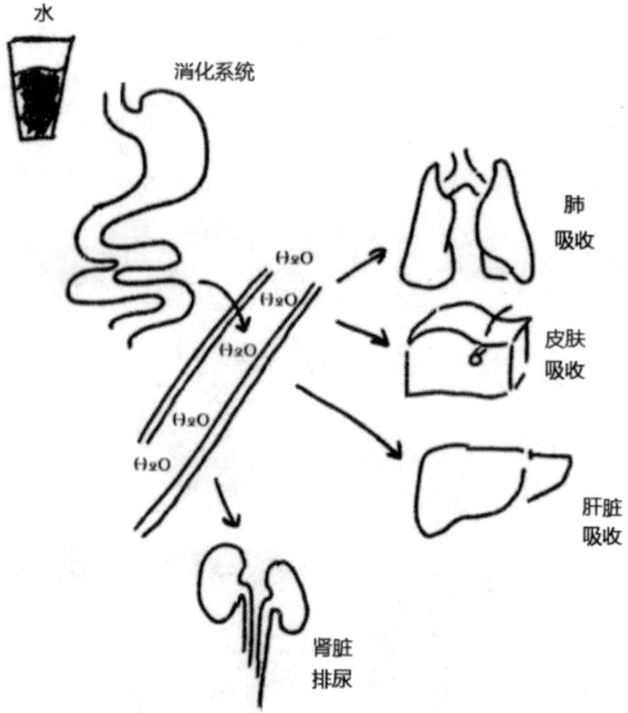

水在人体内的流动

① 唐元升 . 人体医学参数与概念 [M]. 济南：济南出版社 , 1995。

在胃中稍作停留；胃留下部分水后，剩下的水将胃内的物质带入肠道；在肠道系统中，各个器官通过血液吸收水和水中的各类营养物质。

②水的输送：水和其中的营养物质通过淋巴液输送到血液当中，成为血液的主要组成部分；血液经过静脉被送往心脏，通过心脏后，血液由动脉送出，经由血管系统将水和营养物质输送到人体的各个部分。

③水的排泄：在我们体内，肾脏就是过滤血液的“净化厂”，通过一套被称为“肾元”的过滤系统，将血液中人体需要的水分和营养物质吸收，而人体不需要的、多余的水分和废物（如尿素等）则形成尿液，通过输尿管送到膀胱，最后排出体外。

水对人体的作用

在生活当中，我们经常会遇到或听到这样的事情：当一个人处在困境中时，如地震时被困在废墟里，或者在沙漠中迷路了，即便很多天没有进食，只要有水喝，生命也可以维持一段时间；但是，如果只有食物吃而没有水喝，那么一到三天人就会面临死亡的危险。俗话说：“人能三日无粮，不可一日缺水”，真是一点都没错。

那么，让我们一起来看看水对人体的作用有哪些。

①人的各种生理活动都需要水。人体内的水可以溶解各种营养物质，脂肪和蛋白质在水中溶解成胶体状态，然后才被人体有效吸收。水在血管、细胞之间川流不息，把氧气和营养物质运送到组织细胞，再把人体代谢产生的废物排出体外。总之，人的各种代谢和生理活动都离不开水。

②水可以调节体温。当炎热的夏天来临时，外界温度往往高于人的体温，人就会出汗，依靠汗水的蒸发带走一部分热量，

从而来降低体温，这样就不容易中暑；当寒冷的冬天来临时，外界温度往往低于人的体温，水就像保温杯一样储备热量，避免体温急剧下降。

③水是体内的润滑剂。人体内的水能滋润皮肤，如果皮肤缺水，就会变得干燥而失去弹性，从而显得苍老。人体的一些关节之间有囊液、浆膜液，借此可以灵活转动，使器官之间避免摩擦受损。

④水是廉价而有治疗力量的“奇药”。水中含有对人体有益的成分，当人感冒、发热的时候，多喝开水就能帮助发汗、退热，冲淡血液里细菌所产生的毒素，同时小便也会增多，有利于加速毒素的排出。

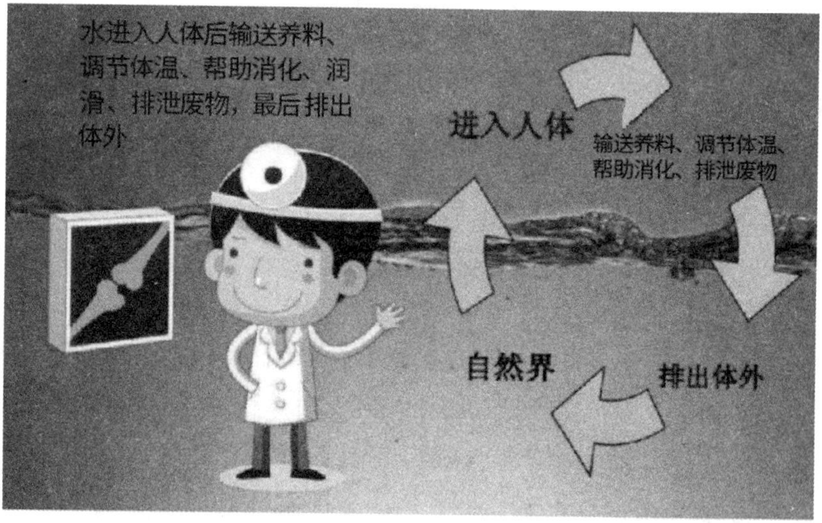

水对人体的作用

第二节 无处不在的水

海水

海水，顾名思义就是海洋中的水。海洋就像一个储藏库，长期以来，它“储藏”了大量的水。科学家估计，世界上约有 13.86 亿 km^3 的供水总量，其中约 13.38 亿 km^3 的水储藏在海洋之中，成为海水。同时，进入水循环中蒸发的水约 90% 来自海水的蒸发。

小朋友们知道干净的海水是什么颜色的吗？没错，是蓝色的。那么，海水为什么是蓝色的呢？这其实是太阳光在“变戏法”，我们知道太阳光由红、橙、黄、绿、青、蓝、紫七种颜色的光组成，

蔚蓝的海洋

当太阳光照射在海洋表面时，蓝光由于“力量”（透射力）较弱，遇到海水的阻碍就被反射回去，这些反射回来的蓝光进入我们的眼中，因此我们才会看见海水是蓝色的。

小朋友们知道海水是什么味道吗？没错，海水是咸的。那么，海水为什么是咸的呢？这是因为海洋在刚形成的时候，陆地上的土壤和岩石中都含有大量的盐分，这些盐分溶解在雨水中被带进了海里，于是海水里面的盐分越来越多，海水也变咸了。

大气水

大气水，顾名思义就是大气层中的水分，它在自然界存在

大气水与水循环

的形式多种多样，可以是水蒸气、湿气或者云。大气层是水循环里的“高速公路”，连通着大气水和地表水；陆地上的地表水蒸发产生的水蒸气通过大气层到达空中，从而形成了大气水；大气水冷凝形成又大又重的水滴，也是通过大气层降落到陆地表面。大气水可以凝结为液态的云、雾、雨、露，也可以凝华为固态的冰晶、雪、霜。

大气层中并不能“储藏”太多的水，科学家估计，大气层“储藏”的水量大约是 12 900 km^3，如果所有的大气水都一次性以降雨的形式降落到地面，那么整个地面将会被约 2.5 cm 深的雨水所覆盖。我们在日常生活中经常会觉得空气比较潮湿，但有时又很干燥，这是空气中的水汽有时多、有时少的缘故，科学家通常用湿度大小来表示大气中所含水汽的多少。

冰川

文艺作品或者新闻报道中时常会提到“冰川”这个词，小朋友们知道“冰川”是什么吗？冰川是由雪、雾、冰雹等积累演化而成的。雪花落到地面会变成完全丧失晶体特征的圆球状雪，被称为“粒雪”。粒雪就是冰川的“原料”，随着时间的推移，粒雪的硬度和彼此之间的紧密度不断增加，大大小小的粒雪相互挤压，紧密地镶嵌在一起，其间的孔隙不断缩小，逐渐形成了冰川冰。冰川冰在重力作用下沿着山坡慢慢延伸，颜色也随之改变，就形成了冰川。冰川主要分布在地球的南极和北极，一些中低纬度的高山区也会出现冰川。

冰川中也“储藏”着水，科学家估计，冰川“储藏”了约 2 400 万 km^3 的水量，约占淡水资源的 68.7%。如果现在所有的冰川都融化，那么海平面将升高约 70 m。

冰川并不是处于静止状态的，它是不断运动的。冰川运动的速度很慢，通常每年数十米，个别冰川最快可达 1 ～ 10 km/a。冰川不同部位的运动速度也不一样，通常而言，冰川的边缘部分运动速度慢，中间部分运动速度快。

冰川还有一个神奇之处就是它的年轮，就像树木有年轮一样，冰川也有年轮。每年积累下来的冰层，冬季积雪经夏季消融后，形成一个消融面，消融面的污化物较多，所以也叫作污化面。正是这种污化面为冰川区分开了年层，这也是冰层的天然标志。科学家可根据冰层来测算冰川的年龄。

南极冰川

地表水

地表水，顾名思义就是存在于陆地表面的一切水体，包括河流、湖泊、沼泽和冰川等。科学家估计，地表水“储藏”了约 2 425 万 km^3 的水量，约占地球总水量的 1.75%。其中，河流、湖泊和沼泽是最容易被开发利用的，因此与人类的关系十分密切。但是，河流、湖泊和沼泽的水量却十分有限，它们一共“储藏”了约 10 万 km^3 的水量，约占地球总水量的万分之一。

河流“储藏”了约 2 100 km^3 的水量，约占地球总水量的百万分之二。中国、巴西、加拿大、美国和印度尼西亚是世界上河水水量较多的国家。南美洲的亚马孙河是世界流量第一的河流，每年流入大西洋的水量达到了 3 800 km^3。

地表水

湖泊“储藏”了约 17.6 万 km^3 的水量，约占地球总水量的万分之二。湖泊可以分为淡水湖泊和咸水湖泊。淡水湖泊是农业灌溉、工业和人们生活用水的宝贵水源，与江河相通，还是调节江河水量的天然水库。咸水湖泊往往蕴藏了大量的矿产资源。世界上最大的淡水湖泊是苏必利尔湖，“储藏”了约 1.2 万 km^3 的水量。世界上最大的咸水湖泊是里海，“储藏”了约 7.7 万 km^3 的水量。

沼泽“储藏”了约 1.1 万 km^3 的水量，约占地球总水量的十万分之一。沼泽是介于地表水和地下水之间的过渡类型水体，大部分包含于泥滩和草丛中。

地下水

地下水，顾名思义就是长期存在于陆地表面以下的水。地下水“储藏”的水量比地表水少，约为 2 300 万 km^3，约占地球总水量的 1.7%。小朋友们知道地下水是怎么形成的吗？当雨水降落到地面以后，有些流向河流或湖泊成为地表水，有些被植物吸收，有些蒸发变成水蒸气，还有一些就渗入地下形成地下水。

渗透到地下的水，有些被牢牢吸附在土壤颗粒表面，成为“结合水”；有些被土壤中细小的孔隙通道截流，成为“毛细水”；剩下的水分子不受土壤表面和孔隙通道的束缚，能够在重力作用下自由向下流动，就是“重力水”。结合水和毛细水占地下水的比例较小，大部分都是重力水，而且重力水容易被开发利用，与人类关系更密切。

重力水最终会在地下形成一个自由水面，这就是“潜水面”，也是地下水面。潜水面上方一直到地表的部分叫“包气带”，主要由土壤和岩石构成，是结合水和毛细水所在的空间。潜水面下方就是重力水聚集的空间，这里的土壤和岩石的空隙都被水填满，被称为“饱水带”。

地下水

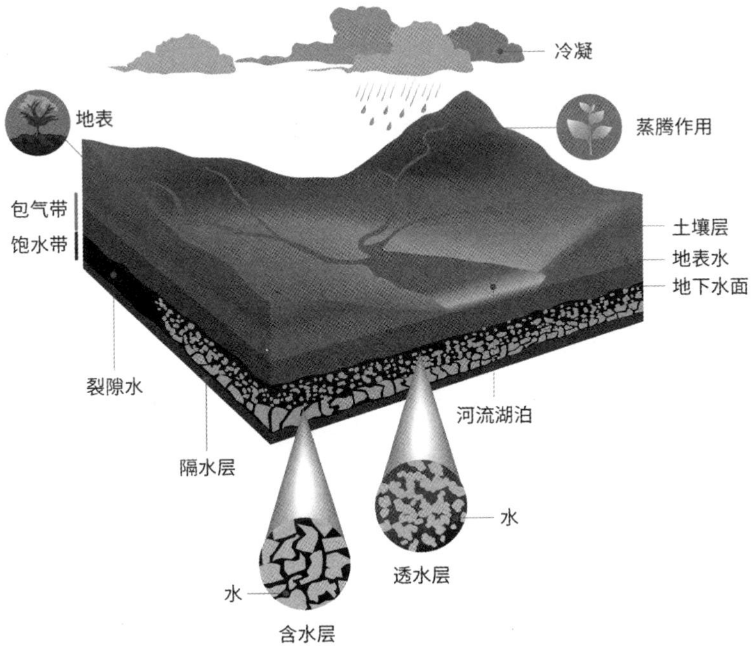

地下水

第二课

饮用水与生活

第一节 水的味道与口感

神奇的矿物质

在化学的世界里面，如果提到矿物质，种类多得几乎数不清，但是说到水里的矿物质，那就是溶解在水中的阳离子和阴离子。水中的阳离子一般是溶解在水里的金属阳离子，包括钙（Ca）、

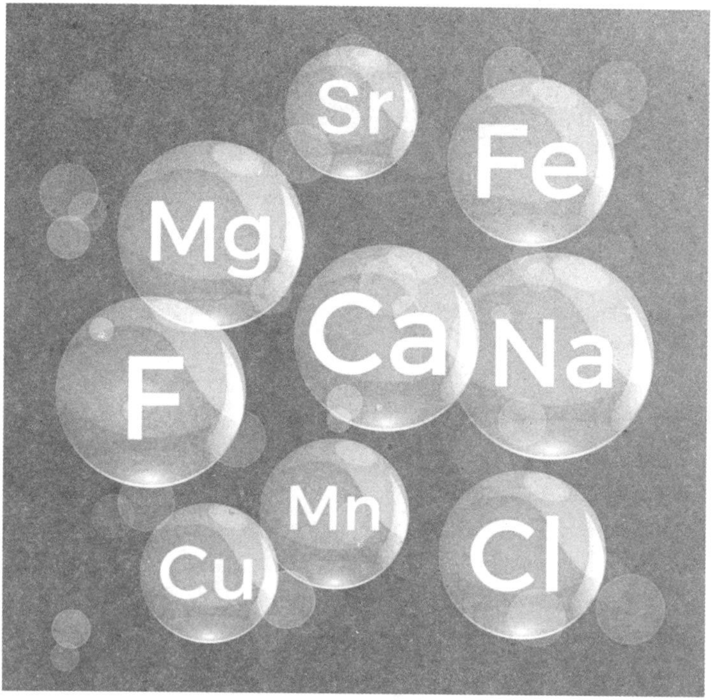

水中的矿物质

镁（Mg）、钾（K）、钠（Na）、锂（Li）、锶（Sr）、钡（Ba）等，除金属阳离子外，还有一些溶解在水中的非金属阳离子。水中的阴离子一般有碳酸氢根离子（HCO_3^-）、氯离子（Cl^-）、硫酸根离子（SO_4^{2-}）、磷酸根离子（PO_4^{3-}）、硝酸根离子（NO_3^-）、氟离子（F^-）、氢氧根离子（OH^-）等，目前通常用 HCO_3^- 和 Cl^- 这两个阴离子作为检测水质的指标。

从化学方面来看，水中的金属阳离子、非金属阳离子和阴离子都是矿物质，而人们关注的只有钙、镁、钾、钠、锂、锶、钡等金属阳离子，因此我们日常说的矿物质通常是指水中的金属阳离子。

矿物质有什么神奇的作用呢？水中矿物质含量能影响水的味道。水中矿物质的浓度过高时，水就会有苦、涩、咸味，这些味道大多数人都能感觉出来。反之，水中矿物质的浓度过低时，喝起来就会感觉到淡薄，越喝越没有味道。虽然矿物质影响水的味道，但是目前并没有将其作为衡量水是否好喝的统一标准。一般情况下，水中矿物质含量在 100 mg/L 左右时，水的口感较为柔和，并且有一定的甘甜味。

水更“爽口”了

夏天时，我们喝上一瓶汽水，就会觉得很“爽口”。小朋友们知道这是为什么吗？这是因为汽水中有二氧化碳（CO_2），当 CO_2 溶于水后，水就会变得“爽口”。

CO_2 溶于水后，会生成一种叫碳酸的物质，当我们喝了添加 CO_2 的水，口腔中的高温会使水中的碳酸受热分解，形成水和 CO_2，一部分 CO_2 在口腔高温的作用下重新汽化，产生很多小泡泡，泡泡碰到舌头时破裂，会刺激舌头上的味蕾，从而让

带气泡的水

人感到“爽口”。另一部分 CO_2 既不会被肠胃吸收，也不易溶解于水，所以不一会儿就会打嗝，这部分 CO_2 就从口腔排出去了，由于人体内的一部分热量也同时随着 CO_2 带出，因此人会感觉清凉“爽口”。

当我们把汽水打开，放置一夜之后再喝，就没有那种“爽口”的感觉。这是因为汽水中的 CO_2 重新汽化后，从水中跑到空气里面了。

“难喝”的水

有时候，我们会感觉水变得“难喝”了，这是因为水中含有过量的有机物。

我们知道，水是一种溶解能力很强的溶剂，可以将很多物质溶解。现代社会，工农业快速发展，排入水中的有机物种类和数量也越来越多，水源的污染问题也日益严重。虽然排入水中的有机物会被溶解，但一般的水处理工艺很难清除这些有机物，即使将水煮沸也无法去除这部分物质。水中的有机物一方面会消耗水中的氧气，另一方面又会进行厌氧分解，形成硫化氢、氨等有害气体。因此如果水源受到有机物的污染，我们的饮用水就会变得“难喝”。

现实生活中有很多这样的例子，例如洗衣服都会用洗涤剂，这些洗涤剂就是有机物，会随着我们的洗衣水排入河流、湖泊等水体。此外，上游工厂距离下游自来水厂取水口较近的时候，当工厂排出的废水中含有有机物时，由于距离过近，水中的有机物未被自然降解，自来水厂中的水也会含有有机物。

为了减少饮用“难喝”的水，我们一定要保护好水源地。

自来水为何咸、涩、苦

有时候，自来水会有咸味；有时候，自来水会有一种又苦又涩的味道。小朋友们知道这是为什么吗？这是因为水中的阳离子和阴离子失衡导致的。

咸味成分——Cl^- 和 SO_4^{2-}

日常生活中的食盐就是 Cl^- 与 Na^+ 的结合物，当我们把食盐溶于水中时，就会发现水变咸了，这是由于食盐在水中分离成了 Cl^- 和 Na^+，从而使水带有咸味。实际上，除了 Cl^- 和 Na^+ 会使水产生咸味，SO_4^{2-} 和 Na^+ 也会使水产生咸味。但是，并不是 Cl^- 与所有的金属离子结合的化合物都有咸味，比如当 Cl^- 和 Mg^{2+}、Ca^{2+} 结合生成化合物时，就没有咸味。

一般而言，当水中 Cl^- 质量浓度达到 200 mg/L 时，水会有一点咸味；当 Cl^- 质量浓度在 100 mg/L 左右时，水的咸味就不会那么明显。

涩味成分——重金属离子

如果水中的重金属离子过量，那么自来水就会有一股涩味。如当水中铁离子（Fe^{3+}）质量浓度为 0.5 ～ 2.0 mg/L 时，就会有涩味。

家中电热水器的热交换部分大多使用镀锡的铜管，在长期使用过程中，储存于热水器中的水就会含有铜离子（Cu^{2+}）。当水中的 Cu^{2+} 质量浓度达到 1.5 mg/L 时，如果饮用，就会感觉到水中的涩味。

楼房的配水管道一般都使用镀锌铁管，早上放出的自来水有时会呈现白色浑浊状，这是因为镀锌被自来水腐蚀后，形成了不溶于水的氢氧化锌。当水中的锌质量浓度为 5 ～ 20 mg/L 时，就会让人感到有涩味。

苦味成分——镁和锰

水中如果含有镁离子（Mg^{2+}）和锰离子（Mn^{2+}），会有一点苦味。一般来说，当水中的 Mg^{2+} 质量浓度为 50 ～ 150 mg/L 时，就会有苦味；当水中的 Mn^{2+} 质量浓度为 0.5 ～ 2 mg/L 时，水也会有苦味。

“硬水”与“软水”

在日常生活中，我们经常会听到“硬水”和“软水”。那么，什么是“硬水”？什么是“软水”？

“硬水”是指水中含有较多的可溶性 Ca、Mg 化合物的水，软水是指水中不含或含有少量的可溶性 Ca、Mg 化合物的水。可溶性 Ca、Mg 化合物的含量又被人们称为“硬度”，而“硬水”和“软水”的主要区别在于水的硬度大小。一般来说，人们把硬度小于 150 mg/L 的水称为“软水”，把硬度大于 150 mg/L 的水称为“硬水”。自然界中，泉水和井水一般是“硬水”，雪水和雨水一般是“软水”。

将“硬水”烧开时，在壶底和热水瓶四周会渐渐形成一层坚硬的白色水垢。“硬水”用来洗涤时，不仅不能使肥皂产生泡沫，还会在所洗涤的衣物上沉淀一层水垢。“硬水”用来泡茶时，茶水面上会显出一层“水皮”，且茶的清香味儿也不翼而飞。

如何让“硬水”变成“软水”呢？最简单的办法就是煮沸。

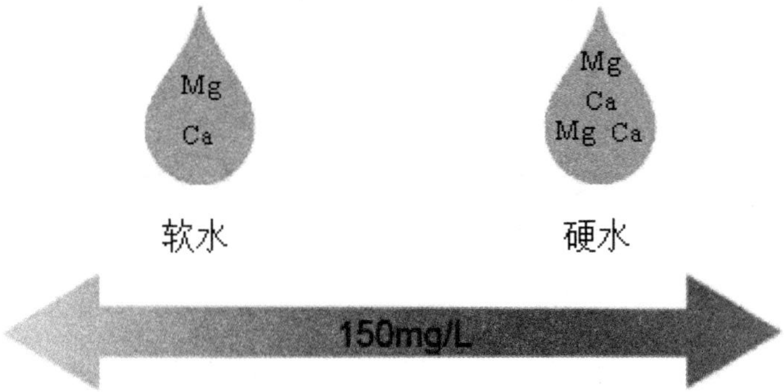

“硬水”与“软水”

第二节 认识饮用水

自来水

自来水是我们日常生活中最常见的水，也是目前最主要的饮用水，通过城市供水系统输送到千家万户。自来水是天然水经加工处理而来的，首先，取水泵房会从水源地中抽取水，因此水源地的水质直接影响我们的饮用水质量；然后，抽取上来的水会被送到自来水厂，要经过混合—絮凝—沉淀—过滤—消毒等数十道工艺和 106 项严格检测，检测合格的水才可以由城市自来水管网输送，进入千家万户。

自来水经过清洗消毒后，还要经过很长的自来水管网才能

自来水

到达我们的身边。虽然城市的自来水管网会按时清洗，但是随着时间的流逝，一些管道难免会老化腐蚀、因管网渗漏、滋生细菌等，而我们家庭中的水管，由于人们的清洗意识尚未普及，多年未清洗、藏满污垢是常态，自来水容易产生二次污染，因此，小朋友们一定要注意，自来水不能直接饮用，煮沸后才可以饮用。

管道直饮水

管道直饮水是“管道优质直接饮用水”的简称，采用具有选择透过性的超滤膜，对自来水做深度处理，去除自来水中的有机物、细菌和病毒，保留水中有益于人体的微量元素，再经臭氧、紫外线、变频恒压输出，输出后的水可直接饮用。

直饮水又被分为纯水和净水。根据《瓶装饮用纯净水》（GB 17323—1998）的规定，以符合《生活饮用水卫生标准》（GB 5749—2022）的水为原料，通过反渗透膜净化处理后的水称为

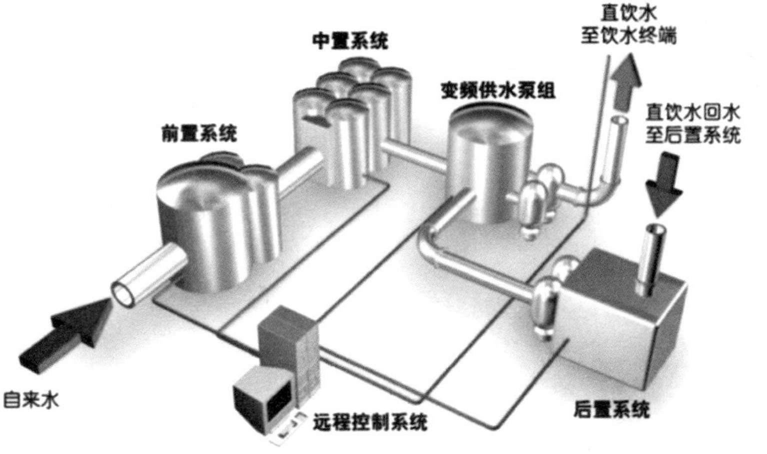

管道直饮水分质供水系统

纯水。根据《饮用净水水质标准》（CJ 94—2005）的规定，用同样符合生活用水卫生标准的水为原料，通过纳滤膜或法国卡提斯 (CARTS) 载银活性炭净化处理后的水称为净水。

管道直饮水一般采用分质供水的方式，在居住小区（酒店、写字楼）内建设中央净水设备，运用现代高科技生化与物化技术，对自来水进行深度净化处理，同时采用优质管材设立独立循环式管网，将净化后的优质水送入用户家中以及客房、办公室、教室、楼层等，供人们直接饮用。管道直饮水源于美国、丹麦、荷兰等发达国家，1997 年，我国上海首先实现优质直饮水供应。

矿泉水

矿泉水是我们日常生活中常见的饮用水之一，走进超市，各种品牌的矿泉水琳琅满目，但是严格地说，很多品牌的矿泉水并不是真正意义上的矿泉水。

矿泉水，严格定义叫饮用天然矿泉水，是指从地下深处自然涌出的或经钻井采集的，含有一定量的矿物质、微量元素或其他成分，在一定区域未受污染并采取预防措施避免污染的水。因此，只有水源是地下水的才是真正意义上的矿泉水。

小朋友们知道矿泉水是怎么形成的吗？地下水在漫长的地下循环中，长期与周围的岩石接触，经过溶滤、阴阳离子交替吸附等一系列物理化学作用，岩石中的矿物质、微量元素或气体成分进入地下水中，这些物质在地下水中富集到一定的浓度，然后在高温、高压和水蒸气膨胀作用下，地下水沿着地壳裂隙运移上升，涌出地表形成各种类型的矿泉水。

锂、锶、锌、硒、溴化物、碘化物、偏硅酸、游离二氧化碳和溶解性总固体是对人体健康有益的化学物质，我国针对这

9 种物质制定了严格的标准，必须有 1 种或 1 种以上达到规定的标准方可称为矿泉水。

纯净水

纯净水也是我们日常生活中常见的饮用水之一，家中饮水机上的桶装水一般都是纯净水。

纯净水，顾名思义就是纯洁、干净的水，它是以符合《生活饮用水卫生标准》（GB 5749—2022）的水为原水，经过多道工序处理、提纯和净化的水。纯净水去除了对人体有害的物质、细菌等，它不含有杂质或细菌，因此可以直接饮用。在一些水源污染比较严重的地方，纯净水的优势很明显，因为它把水中的杂质、细菌都去除掉了，如有机物质、盐类物质、添加剂和其他各类杂质等。

纯净水在去除杂质和细菌的同时，也去掉了各类对人体有益的矿物质，所以它几乎不含有矿物质元素，因此，纯净水缺乏人体必需的矿物质这种观点本身并没有错。但是，这并不说明长期喝纯净水就会导致营养流失，因为膳食才是人类摄入营养元素的主要途径，喝水并不起决定性作用。

纯净水

矿化水

矿化水，又称为矿物质水，是在纯净水的基础上，人工添加矿物质元素而制成的饮用水。矿化水介于矿泉水和纯净水之间，它的矿物质含量比矿泉水少，但比纯净水多。

小朋友们千万不要觉得天然的矿泉水一定比人工的矿化水好。矿泉水中的矿物质是地下水常年在岩层之间流动，岩层中不同矿物质在水中溶解而带来的，但岩层中不同种类的矿物质在水中溶解的难易程度不同，这就决定了矿泉水会因产地不同，甚至年份不同，所含的矿物质种类和含量也不同。而人工添加矿物质的矿化水，无论在任何产地，其矿物质含量都可稳定不变。

富氧水

在讲解富氧水之前，小朋友们来思考一个问题：水中有氧气吗？答案是有。我们经常看到鱼在水中自由游动，鱼之所以能在水中生存，就是因为水中含有氧气。

平常我们烧开水的时候，随着温度的升高，水开始“咕嘟咕嘟”冒气泡，这些气泡大部分是氧气。这时我们就会发现，温度升高，水中的氧气含量会降低；反之，温度降低，水中的氧气含量会升高。实际上，降低温度只能略微提高水中的氧气，而更高效、更常用的方法是增加氧气的压强。

富氧水是人们在纯净水或天然矿泉水基础上，通过专门的设备和工艺，在水中加入氧而制成的饮用水。在常温条件下，普通饮用水的含氧量一般只有 6 ～ 8 mg/L，而富氧水的含氧量达到 20 mg/L 以上。

那么喝富氧水能够快速补充氧气吗？我们可以看下富氧水

的成分，不难发现，它的成分是水、氧或者水、氧、矿物质，当我们打开瓶盖时，瓶子里面的压强瞬间与大气压强一样，再把水倒进杯子里，或者直接喝掉，这个过程中氧气已经被释放出来，留在水中的氧气和普通饮用水没有太大区别。目前，没有确切的证据证明富氧水能够直接补充人体所需的氧气。

第三节 自来水的产生

自来水是怎么来的

自来水虽与饮用水水源关系密切，但并不是从水源直接输送而来的。虽然水源的水质标准很严格，但是水源的水如果没有经过处理，是达不到国家规定的生活饮用水卫生标准的，是不可以饮用的。

自来水可以说是自来水厂的产品，它是水源中的水经过自来水厂净化消毒处理而来的。首先要从水源当中抽取天然水，天然水输送到取水泵房（一级泵房），在消灭藻类、植物后，加压送到自来水厂，然后进行净化消毒等处理，处理合格后，

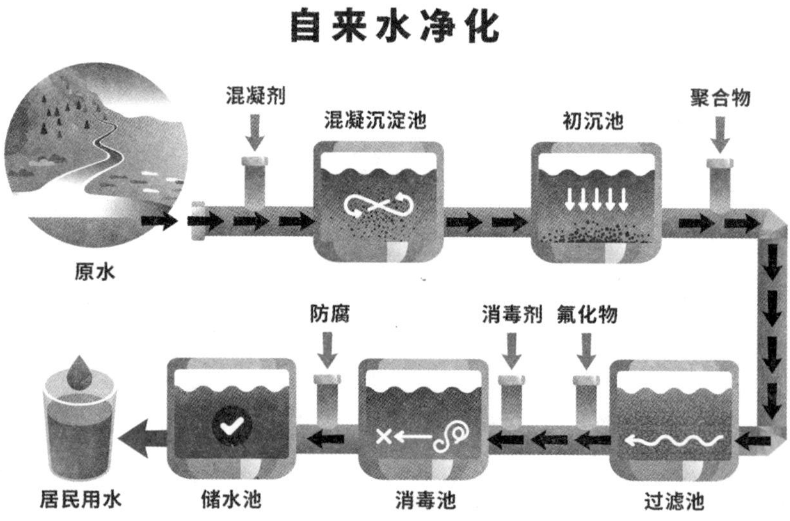

自来水从哪儿来

再经过输水泵房（二级泵房）加压，通过城市自来水管网输送到千家万户。

自来水的生产流程

现在，我们知道了自来水是天然水在自来水厂之中生产出来的。那么，一起来了解下自来水的生产流程吧。

原水混合

水源的天然水通过取水泵房（一级泵房）抽取到自来水厂，通过混合设备（如管道混合器）向原水中加入混凝剂，并使混凝剂快速均匀地分散于水中，以便快速水解、聚合及颗粒脱稳。

絮凝

向混凝反应池中投加适量的水处理剂（聚合氯化铝或硫酸铝），投入药剂后水中电离出来的铝离子具有吸附作用，可使水中不易沉淀的胶粒及微小悬浮物脱稳、相互聚结，从而形成较大的絮粒，以利于从水中分离、沉降下来。

沉淀

水流进入沉淀池后，混凝反应阶段形成的絮状体依靠重力作用从水中分离出来。

过滤

从沉淀池出来的水流进入滤池，石英砂、活性炭等有空隙的粒状滤料层通过黏附作用截留水中悬浮颗粒，从而进一步除去水中的细小悬浮杂质、有机物、细菌等。

消毒

为了确保饮用水安全，经过沉淀和过滤后，自来水厂的工作人员必须对水进行消毒。根据水质情况，向水中投入一定量的二氧化氯和液氯，一方面消除水中的细菌，另一方面保证水中有适当的余氯，可在管网输送过程中继续保持消毒的能力。

提升输送

净化后的水经过加氯消毒进入了清水池，经水厂工作人员严格把关，化验合格达到国家规定的生活饮用水卫生标准后，才能送往千家万户。一般是由输水泵房（二级泵站）加压提升，一部分送入高位水池，靠自然压力流向千家万户，另一部分则送到二次加压泵站，由二次加压泵站送往各个用户。

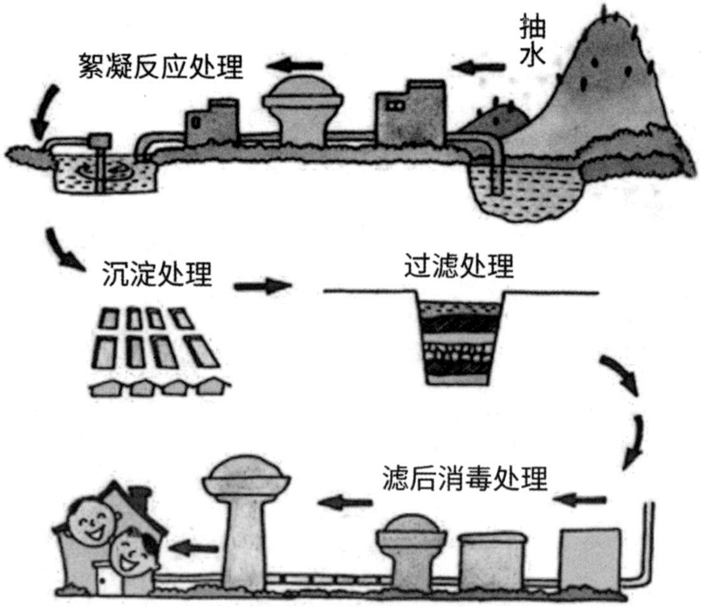

自来水的消毒流程

自来水是如何消毒的

自来水厂广泛使用消毒剂进行消毒，常见的消毒剂有氯、漂白粉和二氧化氯等。这些消毒剂具有强氧化性，能够将水中的细菌、病毒杀灭，但是消毒过程中会受 pH、水温影响。目前出现了一些新型消毒方法，如臭氧法、紫外线灭菌法等，新型消毒方法无副产物、干净卫生。

自来水的几点常识

为什么自来水会像牛奶一样？

这是因为水厂停水检修时空气混入管道内，再次供水时水压过大将空气压入水体，从水龙头放出时由于光线折射看上去呈乳白色。小朋友们不用担心，这种自来水静置 2 min 即可使用，无任何影响。

为什么自来水会是红色？

如果自来水的颜色泛红，静置后有明显沉淀，大概率是因为管道年久生锈或破损后有泥沙混入，应及时向自来水公司反映。

为什么自来水会有 84 消毒水的味道？

这是次氯酸的味道，为保证水体在管道中不受细菌污染，一般在送入用户家中前仍然会加氯，从而导致水中有余氯。小朋友们也不用担心，这些余氯的剂量会被严格控制，静置 2 min 就没味道了。

第四节 饮水误区

口渴才需喝水

水是生命之源。人体的一切生命活动，包括营养物质的消化、吸收，代谢废物的排泄、清除，以及一切生理生化反应，都需要在水的参与下进行。生理学家认为，只有大脑中枢发出需要补充水的信号时，人才会有口渴的感觉。

当人感到口渴时，体内水分已散失 2% ~ 5%，此时可能出现心烦、少尿等状况。当体内水分散失 5% ~ 7% 时，会出现皮肤起皱、幻觉、狂躁，甚至轻度昏迷。失水超过 20% 时，就会有生命危险。

事实上，人对口渴想喝水的欲望不是很强烈。人只有丢失 2% 的水分时才会感到口渴，只有轻度脱水时才能产生口渴的感觉。

不要认为口渴了才需要喝水，其实口渴时人体已经缺水了。人体内细胞不断代谢、排出废物、散发热量等都会损失水分，

不要口渴时才想起来喝水

因此保持人体每日水分摄入与排出平衡是十分必要的。若等到口渴时再喝水，表明体内已经开始失水了，此时犹如土地龟裂时才给庄稼浇水，为时已晚。我们应该养成良好的饮水习惯，经常饮水，少量多饮，让人体水分常处在良性状态。

水不是喝的越多越好

虽然水对人体是非常重要的，但也并非喝得越多越好。

我们都知道，人体通过尿液将身体的毒素排出体外，尿液的主要成分是水，所有的尿液都要通过肾脏进行过滤，因此，如果喝水太多，就意味着肾脏要过滤更多的水分，会增加肾脏的负担。你是否有这样的经历，当你十分口渴的时候，拿起一瓶水喝下去，虽然达到了解渴的效果，但不到 10 min 就会去厕所排尿，这种喝水方式是不对的。所以饮用水也必须掌握一定

不正确的喝水方式

的量，而且不能喝得太快，应该像喝茶一样慢慢喝，这样才能将水补充到体内。

人体肾脏的最大持续速度是每分钟利尿 16 mL，如果我们的饮水量超过这个标准，或喝水速度超过此标准，会出现过量饮水的现象，而饮水过量会使细胞过度膨胀，会出现头晕、呕吐、虚弱、心跳加速等症状，严重时会抽搐、昏迷甚至有生命危险。这也就是我们常说的“水中毒”。

大口吞水

炎热的夏天，剧烈运动过后，我们会出大量的汗，这时体内的水分流失量大，我们会感到口渴，很想一口喝掉一桶水。其实，这种喝水的方式是不正确的，我们在喝水时也要注意方法。很多人在喝水方式上存在很大误区，口渴的时候习惯“豪饮”一番，一次性大口快速喝掉很多水，却不知道这种喝水方法对健康并无好处。

大口快速喝水可能引起三种不良后果：

①会迅速稀释血液，加大心脏负担，运动过后这种情况更加严重。

②天热大量出汗时，暴饮会反射性地加大出汗量，进一步增加钠、钾等电解质的流失，往往会产生越喝越渴的感觉。

③喝得太快太急，会把大量的空气一起吞咽下去，容易引起打嗝或腹胀。

口渴以后，喝水应该以少量、多次、慢饮为好。正确合理的喝水方法：把一瓶水分几次，慢慢往下咽，这样才能充分滋润口腔和喉咙，有效缓解口渴的感觉。

清晨起床后，最好空腹喝一杯水，即在吃早餐之前喝一杯水，这样可以促进血液循环、冲刷肠胃，这时候要慢慢吞咽，如果饮水速度过快，可能会出现头痛、恶心的现象。但也不要随便喝两口就算了，否则达不到效果，应该一次喝完一杯水。

不正确的喝水方式

生饮自来水

很多小朋友喜欢对着水龙头，咕咚咕咚一通畅饮，他们认为自来水经过消毒，对人体无害，生饮既解渴又凉爽。

但事实上，自来水从饮用水源地抽出来后，虽然经过过滤、沉淀、加漂白粉消毒，但里面仍有一定量的细菌，如大肠杆菌。生饮自来水会在体内积累病菌，病菌在体内迅速繁殖，长而久之，会给身体带来很多疾病，最常见的就是肚子痛。

此外，自来水在消毒过程中会添加含氯消毒剂，常见的含氯消毒剂有二氧化氯、次氯酸钠、氯气等，这些都是对人体有害的物质，这些含氯消毒剂还会产生氯酚等对人体有害的副产物。自来水在输送过程中也可能产生二次污染：金属管道的老化生锈会渗进重金属等有害物质。

所以，小朋友们一定要注意，即使在口渴的时候，也不能生饮自来水，自来水一定要煮沸后才能喝，或者购买矿泉水、纯净水等可以直接饮用的水。

要喝经过加热的水

开水越热越好

在我们生病或者不舒服的时候，总是会听到别人说“多喝热水”。热水似乎成了万能药，不管是什么毛病，好像多喝热水就是最好的治疗方法。但是，真的是这样吗？科学研究发现，水的温度超过 65°C，就会对人的消化道造成损伤，从而导致一些疾病。因此，我们喝开水并不是越热就越好。

适宜人体的饮用水温度应该是 10 ～ 40°C，因此，我们在喝白开水的时候最好不要超过这个范围，避免过热的开水对身体造成损害。那么，在生活中我们又该如何判断水是不是超过 40°C 了呢？人体的温度一般是 36.5 ～ 37.2°C，如果喝开水感觉烫口的话，那就一定超过最适温度了，这时候就要吐出来，而不是硬把它咽下去。在日常生活中，一般提倡喝温开水，即 20 ～ 25°C 的开水。

不要喝太烫的水

剧烈运动后喝水

一些小朋友常常会在剧烈运动之后迫不及待地找水喝，想马上缓解这种口渴所带来的不适感。运动之后，快速地喝入大量的水，虽然能够在极短的时间内缓解口渴，但是也会对身体造成严重的危害。

剧烈运动之后，体温升高，胃肠道及全身血管都是扩张的。如果马上就喝水，尤其是喝冰水，会使胃肠道血管突然收缩、血流减慢，血流量减少可引起腹痛、腹泻等症状。此外，运动后咽喉部充血，突然受到冷的刺激，又会引起机能紊乱，会出现咽喉部发炎、疼痛、声音嘶哑、局部不适等感觉。

所以，剧烈运动后马上喝水是有害的。

剧烈运动后喝水一定要注意以下两点：

①先擦干汗、休息一会儿，一般是 5 ～ 10 min，让体温慢慢恢复到正常之后再喝水。

②适量喝碱性饮料或淡盐水，剧烈活动后会大量出汗，汗水会带走体内大量的盐分，休息完后喝一些碱性饮料或淡盐水，有助于补充体内的水分和盐分。

运动后喝碱性饮料或淡水

喝饮料就是喝水

有些小朋友不喜欢喝无色无味的纯净水或白开水，因此，在口渴的时候就会选择喝一些酸甜可口的饮料，甚至一部分小朋友已经用喝饮料代替了喝水，认为水和饮料都是液体，同样都能解决口渴的问题。

但是，事实上，饮料和水有着天壤之别，尤其是对于正处于成长阶段的小朋友来说，绝对不可以把饮料当水来喝！

饮料中糖的含量非常高，不要小看一瓶饮料，一瓶 600 mL 的可乐中约含有 65 g 糖，一瓶 500 mL 的橙汁中约含有 45 g 糖。如果觉得这样的数字无法量化，可以拿出家中的小秤称一称，看看 65 g 的糖有多少。小朋友如果把糖分含量如此之高的饮料当成水来喝，可想而知，会有很多多余的糖分堆积在体内，这些糖分不仅会引起蛀牙等表面疾病，还会引起消化紊乱、大脑发育迟缓等深度症状。小朋友的胃容量是比较小的，喝了太多的饮料，必然会影响食欲。长此以往，小朋友摄入的营养就会不足，会引起发育迟缓等症状。

此外，饮料中含有一些色素、防腐剂等成分，科学研究发现，过多地摄入这些成分，会诱发儿童多动症。

因此，饮料要适量饮用，一定不能当水来喝！

边吃饭边喝水

许多小朋友可能已经习惯在吃饭的时候用白开水或汤咽饭，这样确实有利于下饭，但是却不利于身体健康。实际上，边吃边饮容易导致消化不良。

最好在饭前半小时饮水，每次喝的量为 200 ~ 300 mL。空腹喝下的水在胃里停留只有几分钟，很快进入小肠，被吸收进入血液中，半小时左右就可以补充给全身的组织细胞。由于体内水分达到平衡，吃饭时就可以保证分泌充足的消化液，增进食欲，帮助消化。

吃饭时喝少量的汤是有益的，但边吃边喝或用水、汤来咽饭是个不好的习惯，因为吃饭时大量喝水喝汤会影响消化液的分泌。吃饭时喝水喝汤，还会使食物未经口腔仔细咀嚼就进入肠胃，加重肠胃负担。过多喝水喝汤还会冲淡胃酸，削弱胃的消化功能，这样一方面会影响肠胃功能，另一方面还会造成食

物营养成分未经充分消化就被排出体外。大量喝水喝汤还会使胃充盈，产生饱腹感，减少进食量。

饭后马上喝水或是喝茶，也是不科学的。饭后喝水喝茶会冲淡胃液，影响食物的消化吸收，因此饭后至少要过半小时才可以喝水喝茶。

手术前喝水

随着医疗技术的不断进步，麻醉剂的使用为手术医治做出了很大的贡献，它可减轻病人在手术时的痛苦。从麻醉程度来说，有全身麻醉和局部麻醉之分。全身麻醉手术之前，会有一些需要注意的事项，其中禁止饮水尤为重要。那么全身麻醉手术前喝了两口水有影响吗？有人认为做手术而已，和正常饮水有什么关系呢？其实关系大着呢！

胃和食道之间有一道“阀门”——贲门，人在麻醉状态下，贲门会松弛，如果喝了水的话，胃内的水就可能反流进入食道、口腔，咽喉部的会咽反射也会下降，反流的水就可能从口腔进入气道，引起误吸甚至窒息，从而危及生命。

因此，全麻手术之前，喝水一定要注意：手术前 2 h 或以上的时间，是可以喝“轻饮料”的，包括清水、糖水、电解质水、无渣鲜榨饮料、碳酸饮料、黑咖啡（无奶）等。手术前 2 h 以内，就什么都不要喝了。

第五节 科学健康饮水

每天要喝多少水

水是我们人体正常运转所必需的物质，有帮助人体调整体温、润滑器官与关节、溶解运输养分以及排除体内废物的作用，水对人体的健康有很重要的作用。一般来说，人体的补水方式主要有三种：一是直接饮用；二是摄取食物中的水；三是人体的蛋白质、脂肪和碳水化合物等在代谢时产生的水。科学研究发现，人体每天约一半的水分来源于饮水，因此，人每天都需要喝水来维持身体健康。

那么，小朋友们是不是会有这样一个问题——我们一天到底应该喝多少水呢？这其实并没有一个精确的数字，因为每天的饮水量与季节、运动强度、性别以及身体状况等诸多因素有关。

表 1 是每天适宜饮水量的推荐表，表里的饮水量是在气候温和、轻体力活动水平的正常情况下，营养学家推荐的每天适宜的饮水量。

表 1　每天适宜饮水量推荐表

年龄 / 岁	每天饮水量 / （L/d）	
	男	女
4 ～ 6	0.9	0.9
7 ～ 10	1.1	1.1
11 ～ 13	1.3	1.1
14 ～ 17	1.4	1.2
18 及以上	1.7	1.5

因此，作为小学生每天适宜饮水量为 1.1 ~ 1.3 L，以普通的一次性纸杯（约 200 mL）计算，每天需要喝 6 杯水；大人们每天适宜饮水量为 1.5 ~ 1.7 L，以普通的一次性纸杯（约 200 mL）计算，每天需要喝 8 杯水。当然，这些都是正常情况下的饮水量，对于做完运动的小朋友来说，应根据身体状况和运动量大小适当增加。

科学的喝水时间表

水是人体重要的组成部分，每天喝足量的水，对人们的身体健康有益。

我们都知道，早、中、晚三个时间点要按时吃饭。与吃饭不同，喝水没有一个严格的时间表，但有两个重要原则：一是要主动喝水，不要等到口很渴了才喝水；二是每天早晨一杯水，饭前一杯水。

表 2 是营养学家推荐喝水的时间表，小朋友们可以根据自己的情况，参照这张表上的时间按时喝水。

表 2　饮水时间推荐表

时间	饮水说明
6:30	经过一整夜的睡眠，身体开始缺水，起床之后先喝一杯水。对于爱睡懒觉的小朋友来说，这个时间点可能还没起床，但是没关系，我们可以根据自己的起床时间进行调整
8:30	清晨从起床到学校的过程，时间总是特别紧凑，走路步伐也会加快，身体会再次缺水，那么到了学校以后需要喝一杯水

时间	饮水说明
11:00	经过一上午的学习，也别忘了喝一杯水，补充水分
12:30	这时候已经吃完午餐了，喝水不宜多，几口即可，帮助消化食物。具体的喝水时间根据小朋友午餐的时间来定，一般是午餐后半个小时为宜
15:00	这时候精神有点疲倦了，喝一杯水提提神
17:30	课后延时快结束了，在结束之前喝一杯水
22:00	要睡觉了，睡前喝一杯水或者牛奶，帮助自己尽快入梦。具体喝水时间根据小朋友的睡觉时间来定，一般以睡前半小时为宜

饮茶的习惯

自古以来我国就有饮茶的习惯。唐代的陆羽编著了《茶经》，这是世界上现存最早、最完整、最全面的有关茶的专著，因此他被人尊称为“茶圣”。

茶叶中含有氨基酸等，适量饮茶对人体的健康有益；同时茶叶中所含的咖啡因可以帮助人们保持头脑清醒，有提神的作用。

沏茶（泡茶）有两点需要注意：一是沏茶需要用一些还原性较好、矿物质含量适中的水，有利于释放出茶叶里的有益物质；二是沏茶时水的温度要适中，绿茶的水温一般以 80 ~ 90°C 为宜，“铁观音”的水温一般以 100°C 为宜。

饮茶也有两点需要注意：一是儿童和老年人要适量饮用茶水，不能过量；二是空腹时和临睡前不要饮茶。

第一课 走进水源

第一节 国外水源地

塞纳河

塞纳河是法国北部大河，全长 776.6 km，是欧洲具有历史意义的大河之一，发源于法国东部海拔 471 m 的朗格勒高原，自东南向西北横穿法国北部。塞纳河是法国巴黎的“母亲河”，是巴黎的主要水源之一。

塞纳河名字的来源有两个不同的传说。一个传说是源于一个名叫塞纳的女神，相传很久以前，在一处狭窄的山谷里流淌着一条小溪，这条小溪是从塞纳女神的背后流出来的，所以就叫塞纳河。另一个传说源于一个叫塞纳的神父，他见家乡非常

塞纳河

干旱，就向上帝求雨，说这里的人们活得不容易，没水可不行，下场雨吧，上帝被神父的虔诚所感动，于是倾盆大雨汇成了河流，这条河被称为塞纳河。

塞纳河犹如一条美丽的丝带穿越巴黎，但是在20世纪60年代，塞纳河也曾遭受严重污染，沿岸的一些重工业企业大量向河道排污，导致河水呈现黑色。为了治理污染，法国人采取了截污的办法，即截断所有排入河内的污水，经过几十年治理，塞纳河的水质逐渐恢复。

多瑙河

多瑙河是欧洲的第二大河，也是一条著名的国际河流，发源于德国西南部黑林山东麓，干流向东流经奥地利、斯洛伐克、

多瑙河

匈牙利、克罗地亚、罗马尼亚等国，在罗马尼亚的苏利纳注入黑海，全长 2 850 km，是世界上干流流经国家最多的河流。

多瑙河是一条非常神奇的河流，河水在一年中要变换 8 种颜色：6 天是棕色的，55 天是浊黄色的，38 天是浊绿色的，49 天是鲜绿色的，47 天是草绿色的，24 天是铁青色的，109 天是宝石绿色的，37 天是深绿色的。

多瑙河是德国朗格瑙市的主要水源之一，它的饮用水水源地面积约为 315 km^2，可以容纳约 10 亿 m^3 的地下水。朗格瑙水厂成立于 1912 年，是德国第一个长距离的供水系统，也是欧洲最大、最现代化的自来水厂。朗格瑙水厂抽取的水主要来自多瑙河，水厂的给水供水网络连接着 250 个城市和地区，管道系统的总长度超过了 775 km，每年输送的饮用水大约 9 500 万 m^3，高峰期更是达到了 4 500 L/s，担负着为 300 万人提供自来水的重任。

米德湖

米德湖位于美国亚利桑那州和内华达州交界处，长度达 185 km，最大宽度为 16 km，面积为 593 km^2，蓄水量达到了 383 亿 m^3，为亚利桑那州、内华达州、加利福尼亚州及墨西哥大约 2 500 万人提供用水。米德湖是一座位于沙漠中央的巨大淡水湖，由科罗拉多河上的胡佛水坝拦蓄而成，它是世界上最大的人工湖。

气候变化、持续干旱使得科罗拉多河上游分流，而下游的供水城市用水需求日益攀升，使得米德湖也开始出现水危机。截至 2021 年 8 月，米德湖的水量仅为蓄水量的 35%，这是持续了 22 年的特大干旱后，也是自 20 世纪 30 年代胡佛水坝建成后，

米德湖

蓄水量的最低水平。美国宣布米德湖进入一级缺水状态，并计划从 2022 年 1 月 1 日起对供水进行削减，这极大地影响了城市居民的用水。

奥罗维尔湖

奥罗维尔湖位于美国加利福尼亚州北部费瑟河上，面积为 6 390 km^2，蓄水量约为 43.62 亿 m^3，是加利福尼亚州第二大人工湖和主要的供水水源之一，由奥罗维尔水坝拦蓄而形成。奥罗维尔水坝始建于 1961 年，于 1968 年完工，高 234 m，是美国最高水坝。

加利福尼亚州地处美国的太平洋沿岸，是美国经济实力最雄厚的州。加利福尼亚州的河流分布特点是北多南少，降水分布也存在北多南少的特征，整个州水资源均是北多南少、分布不均。因此，加利福尼亚州的繁荣离不开北水南调提供的水资源保障。

奥罗维尔湖是美国北水南调工程的起点，它在美国水利体系之中占据不可或缺的地位。奥罗维尔坝放出来的水沿着萨克拉门托河一路下泄，先后经过克里夫顿考特前池、三角洲泵站、圣路易斯水库和埃德蒙斯顿特大泵站。在埃德蒙斯顿特大泵站，一路南下的河水被提升至 587 m，而后升高的河水继续向东南流动，最终到达洛杉矶附近的佩里斯湖，让洛杉矶摆脱了水资源匮乏的困扰，打破了经济进一步发展的“瓶颈”，成为美国名列前茅的超级大都市。

奥罗维尔坝

贝加尔湖

贝加尔湖位于东西伯利亚南部、布里亚特共和国和伊尔库茨克州境内，湖长 636 km，平均宽 48 km，面积为 3.15 万 km^2，它是世界第一深湖、亚欧大陆最大的淡水湖，有“西伯利亚明珠”之称。

贝加尔湖非常深，最深处达到 1 637 m，平均深度 730 m，比许多海洋还要深，在中国汉朝时期，贝加尔湖被称为“北海”，传说苏武就是在那里牧羊。这里也是写下“天苍苍野茫茫，风吹草低见牛羊”的敕勒人的故乡。

贝加尔湖有多达 336 条的注入河流，其中最大的注入河流

贝加尔湖

为色楞格河。色楞格河在注入贝加尔湖时，于注入口处形成了三角洲，河水中的泥沙会沉积在三角洲，加上河水中水草对泥沙的过滤，使得流入贝加尔湖的河水较为清澈，冬季时，可见度甚至能达到 30 ～ 40 m 深。

贝加尔湖的面积为 3.15 万 km^2，蓄水量达到了惊人的 23.6 万亿 m^3，占全球流动河床、淡水湖总水量的 20% 左右，比北美洲五大湖所有的湖水量还要多，相当于我国所有湖泊水量的 33 倍，可以供应 50 亿人饮用。

波顿水库

波顿水库位于美国新泽西州莫里斯县，该水库于 1904 年建成，面积约 3.2 km^2，它是美国第一个饮用水氯化消毒的市政供

波顿水库

水水源。

早在 19 世纪，美国就出现了城市集中供水设施，到了 20 世纪初，城市集中供水设施快速发展，但是饮用水的卫生状况并未得到根本改善。1900 年，美国有 3 000 多个集中供水系统，但因卫生状况不理想，这些供水设施容易被污染，从而成为疾病暴发的根源。20 世纪初，英国开始对饮用水进行连续的氯化消毒，在使用氯化消毒的地方，伤寒病死亡率大幅下降。饮用水氯化消毒的成功经验也被引入美国，最初波顿水库的水厂是采用过滤方式对水源进行处理的，但市民担心饮用水的质量，为此，该水厂在美国率先采用了氯化消毒技术，结果是令人满意的，出水的细菌总数显著减少且成本也大幅降低。

第二节 中国水源地

吉林长白山

提起长白山，我们都会不由地想起东北。长白山就是东北的“神山”，由于山上一年四季都是白色，因此被人们称为“长白山”。天池位于长白山主峰火山锥体的顶部，是世界上最深的高山湖泊，它的面积达 9.82 km^2，虽然不足我国第三大淡水湖太湖面积的 0.5%，但蓄水量却达到了 20.4 亿 m^3，接近太湖水量的一半。

我国长白山是与欧洲阿尔卑斯山、俄罗斯高加索山并驾齐驱的世界级水源地。长白山明明是一座山，为什么可以成为世界级的水源地呢？这是由于长白山地下涌动着丰富的矿泉水。全球天然矿泉水在地理分布上主要集中在北纬 36° ~ 46° 地带，被誉为世界“黄金水源带”，长白山、阿尔卑斯山和高加索山都是位于这一地带。长白山天池附近有著名的温泉群，温泉水温接近 90°C；在长白山温泉旁边，还分布着许多冷矿泉，夏天水温

长白山

不到 10°C，在 −20°C 的冬天也不会封冻。这一冷一热并存的泉水现象，是长白山的标志性特征。长白山矿泉水资源储量非常丰富，已探明的矿泉水水源地有 180 多处。

青海三江源

三江源位于青海省青藏高原腹地，面积达 39 万 km^2，超过青海省国土总面积的一半。三江源是长江、黄河、澜沧江三条大河的发源地，由于长江水量的 25%、黄河水量的 49%、澜沧江水量的 15% 都来自这一地区，因此被人称为“三江源”，素有“江河源”“中华水塔”“亚洲水塔”的美誉。

三江源的水主要来自昆仑山脉等雪山冰川融水，长期保存于低温环境之中，水质纯净，这种冰川融水进入地下后经过沙砾石层天然过滤达 50 年以上，富含多种矿物质元素，杂质少，这里的水喝起来非常可口、清甜。根据生态环境部门的监测，

三江源

三江源河流水质已达国家Ⅱ类地表水标准，90% 以上的河流水质甚至能达到国家Ⅰ类地表水标准。

贵州赤水河

赤水河经贵州省赤水市至四川省合江县流入长江，是长江重要的水源补给河流和珍稀特有鱼类国家级自然保护区，也是中国白酒的重要产区，年均产白酒 70 万 t。赤水河的颜色随季节变化而变化，端午节至重阳节，雨季来临，大量紫红色土入水，河水呈赤红色；而重阳节至第二年端午节，雨量骤减，河水又恢复清澈透明。

集灵泉于一身，汇秀水东下。作为长江中上游唯一一条未

赤水河

被开发的一级支流，赤水河水质非常优良，微甜爽口，降解物少，硬度适中，水中含有一定量的矿物盐、微量元素，水质达到国家Ⅱ类地表水标准。俗话说，好水才能产好酒，国酒茅台就是用赤水河的水酿造而成的。

湖南澧水河

澧水河位于湖南省西北部，是湖南省四大河流之一，径流模数居全省之冠，并以洪水涨落迅速而闻名。澧水河流域面积达 18 496 km^2，其中湖南境内达 15 736 km^2，澧水河水源绝大部分在张家界市境内。

澧水河就是注入张家界的血液，恰似舞动的水袖，曼妙灵动，

澧水河

彰显着张家界的青春活力。多年监测数据表明，张家界市境内的澧水河干流的水质常年保持在国家地表水Ⅱ类标准，水质状况优良。

广东万绿湖

万绿湖位于广东省河源市东源县境内，因四季皆绿、处处皆绿而得名。万绿湖的深层水经高压自然滤净，浮游物几乎为零，水温常年保持在 16 ~ 23°C，水质稳定，呈弱碱性，有利于人体内酸碱平衡，并富含天然的钾、钠、钙、镁等人体必需的矿物质和微量元素。

万绿湖是华南地区重要的水源地之一，它是东深供水工程的水源，为深圳和香港提供饮用水。万绿湖水源地的水质达到了国家地表水Ⅰ类标准，可直接饮用，水取上来之后，马上会在透明的取水器上形成一层薄薄的水雾，如同刚从冰箱里拿出来一般。此外，用万绿湖的水做豆腐、酿酒都十分美味，用万绿湖的水泡出来的茶也格外清甜。

万绿湖

浙江千岛湖

千岛湖位于浙江省杭州市淳安县，是世界上岛屿最多的湖，因湖内拥有 1 078 座翠岛而得名，被人们称为“千岛湖”。千岛湖属山溪性常年河，流域雨量充沛，植被茂密，水流含沙量少，清澈见底。千岛湖还拥有自己特有的小气候，冬暖夏凉，四季如春，年平均气温 17°C，湖水温度 14°C，就像一个巨大的调温器，夏天放出凉气，冬天放出暖气，调节着周围的气候，形成了良好的生态环境。

千岛湖拥有得天独厚的天然氧化和净化能力，是世界罕见的源头水水源之一，水质达到了国家地表水 I 类地表水标准，可直接饮用，这里的水含人体所需的天然矿物元素，最重要的是水的 pH 接近人体血液的 pH，能够保持酸碱度平衡从而保证人体的生命健康。

千岛湖

微山湖

微山湖位于江苏省和山东省的交界地带，与昭阳湖、独山湖和南阳湖首尾相连，水路交通，合称南四湖。四湖中以微山湖面积最大，达 660 km^2，水深 3 m 左右，是我国北方最大的淡水湖，京杭大运河傍湖而过。

“西边的太阳快要落山了，微山湖上静悄悄”，这是电影《铁道游击队》插曲《弹起我心爱的土琵琶》中的歌词，优美的旋律让地处苏鲁边界的微山湖名扬四海。

作为我国北方最大的淡水湖，微山湖是南水北调东线工程的重要节点，担负着输水走廊和调蓄水库的重任。沛县位于微山湖南岸、以“大汉之源，刘邦故里”闻名。过去，沛县城镇

微山湖

的居民饮水主要依靠城内分布的20多座深水井，水量较小，水质难以保障，并且经常因为水质不达标而缺水。经过评估后，沛县人民政府开始实行“引湖入城，引湖入村”工程，从微山湖引水，让全县130万人民都能喝上干净的自来水。

江西阳明湖

阳明湖位于江西省赣州市崇义县，水域面积达31 km^2，蓄水量达8.22亿多m^3，是赣南地区最大的水源。阳明湖原名为陡水湖，为了纪念明代著名理学家、教育家、军事家王阳明先生，后改名为“阳明湖”。

阳明湖四季温和湿润，冬无严寒、夏无酷热。由于常年封山育林，阳明湖两岸保存着良好的针叶混交林、常绿阔叶林，四季郁郁葱葱、苍翠欲滴。由于环湖植被绿化状态极佳，加之湖水靠近源头，阳明湖的水体更显翠绿清澈。

阳明湖

丹江口水库

丹江口水库位于湖北省丹江口市，是亚洲第一大人工淡水湖、国家南水北调中线工程水源地、国家一级水源保护区、我国重要的湿地保护区，被誉为“亚洲天池”。2 000 多年前，屈原就在此地写下了脍炙人口的诗句：“沧浪之水清兮，可以濯吾缨。”传说中的“沧浪”，就在丹江口水库之中。

丹江口水库水质清澈，放眼四望，库区碧波万顷、坝区绿意无限。桃花水母有“水中大熊猫”之称，是极度濒危的物种，其对水环境要求高，因此也是优良水体的指示物种之一。2018 年，丹江口水库的库区中心发现大量群聚的活体桃花水母，生动地说明了水库水质之好。事实上，经过监测人员的分析检测，丹江口水库的水质达到了国家地表水Ⅱ类地表水标准。

丹江口水库

安徽佛子岭水库

佛子岭水库的坝址位于安徽省霍山县，1952 年 1 月动工建设，于 1954 年建成，是淮河流域第一座水电站，防洪标准为千年一遇。佛子岭水库周边是大别山国家级自然保护区的核心区，森林覆盖率达到 80% 以上，上游有水源涵养林、国家公益林 60 多万亩[①]。佛子岭、磨子潭和白莲崖三大水库，构成了具有霍山特色的佛子岭水库群，是国家一级饮用水水源保护区。

佛子岭水库群总库容达 15 亿 m^3，水库水质常年保持或优于国家地表水Ⅱ类标准，是下游合肥、六安的主要饮用水水源，被称为合肥和六安的“三大水缸”，年均供水占合肥市总供水量的 50% 左右，同时兼具防洪、灌溉、生态屏障等多种功能。

佛子岭水库

① 1 亩 = 0.0667hm^2。

第三节 深圳水源地

深圳市全市陆地总面积达 1 997.5 km^2，海岸线为 260.5 km。全市地表水按最终流向可分为三个水系：珠江口水系流域面积最大，为 958 km^2，占全市流域面积的 47.96%；其次是东江水系，面积为 678.4 km^2，占全市流域面积的 33.96%；海湾水系相对较小，面积为 361.1 km^2，占全市流域面积的 18.08%。深圳市辖区包含 9 个流域、160 多条河流。

20 世纪 50 年代后，香港用水量激增，出现用水危机。1963 年 12 月 8 日，周恩来总理来到广州，迅速作出指示，引东江水供应香港。1965 年 2 月 25 日，东江—深圳供水工程如期全线完工。截至 2020 年年底，东江—深圳供水工程进行了三次扩建，工程年供水能力从最初的 0.68 亿 m^3 提高到 17.43 亿 m^3。东江—深圳供水工程累计向香港供水 267 亿 m^3，保障了香港约 80% 的用水需求。

深圳市区现行饮用水水源保护区有 29 座水库（以 2020 年 7 月计），但全市 80% 以上的供水需要跨市调入，市引水工程包括东江—深圳供水工程以及东部引水工程两大境外水源骨干工程，总批准水量为 15.93 亿 m^3/a。东部引水工程是深圳市为长远解决水源短缺问题，由深圳市 1996 年独立兴建和管理的境外引水工程，并于 2001 年启动供水。2003 年启动建设了境内大型北线引水工程，并于 2010 年开始供水。

为保障深圳市饮用水水源的安全和人民群众的健康，深圳市饮用水水源保护区的划分、建设与管理要求不断优化调整。1995 年发布了《关于重新划分深圳市饮用水源保护区的通知》（深府〔1995〕196 号）；2000 年 7 月，广东省人民政府发布了《关于深圳市生活饮用水地表水源保护区划分方案的批复》（粤府函〔2000〕131 号）；2018 年 9 月，《广东省人民政府关于调整深圳市西丽水库和赤坳水库饮用水水源保护区的批复》（粤府函〔2018〕313 号）发布；2018 年 12 月发布了《广东省人民政府关于调整深圳市部分饮用水水源保护区的批复》（粤府函〔2018〕424 号）；2019—2020 年发布了《深圳市人民政府关于深圳市饮用水水源保护区优化调整事宜的通知》（深府函〔2019〕258 号）、《深圳市人民政府关于实施第一批饮用水水源保护区调整方案的通知》（深府函〔2020〕57 号）。

2018 年 12 月 27 日，最新修正的《深圳经济特区饮用水水源保护条例》发布，该条例共历经 1994 年、2001 年、2012 年及 2018 年四次修订。该条例明确了深圳经济特区饮用水水源保护和污染防治、监督管理和法律责任等内容，是深圳市饮用水水源保护的坚实护盾。

总体而言，深圳市饮用水水源水质较好。根据 2020 年全年各水库逐月监测结果，29 座水库除东涌水库和洞梓水库因工程施工未开展监测外，其他水库水质均达到或优于国家地表水III类标准，水质达标率为 100%。

深圳水库

深圳水库兴建于1959年11月，位于深圳市罗湖区东湖街道，东临仙湖植物园，总库容达4 496万 m^3。深圳水库饮用水水源保护区总面积为58.98 km^2，其中一级保护区面积为7.40 km^2，二级保护区面积为51.58 km^2。

20世纪50年代，香港经常缺水，缺水不但给香港居民生活带来极大的不便，而且制约了香港社会经济的发展。1950年，香港向广东省请求帮助解决缺水问题，经党中央研究，决定引东江水供应香港。1960年3月4日，在数万民工的百日奋战下，深圳水库主副坝工程顺利完工，号称“百日堤坝”，该工程较最初计划提前了两个多月。

深圳水库

清林径水库

清林径水库始建于1963年3月，位于深圳市东北部龙岗区龙城街道境内，水库集雨区与东莞市、惠阳毗邻。该水库于2008年扩建，扩建完成后成为深圳第一大水库，总库容达1.86亿 m^3。清林径水库饮用水水源保护区总面积为27.11 km^2，其中一级保护区面积为19.93 km^2，二级保护区面积为7.18 km^2。

清林径水库是龙岗区重要的供水水源之一，曾经是深圳最大的“水缸”。为保护清林径水库，水库周边修建了清林径森林公园。“水光潋滟晴方好，山色空蒙雨亦奇”，这般烟波浩荡造就的湖光山色之美，是清林径森林公园最令人神往的地方。

清林径水库

公明水库

公明水库地跨光明新区和宝安区的石岩街道办，总库容达1.48 亿 m^3。公明水库饮用水水源保护区总面积为 11.76 km^2，其中一级水源保护区面积为 8.32 km^2，二级水源保护区面积为 3.44 km^2。

公明水库目前是深圳市最大的水库，它的建设旨在解决深圳市水资源高度依赖境外东江引水、应急备用水源不足以及供水网络不完善的问题，担负着供水调蓄和向深圳西部各水厂供水的任务，极大地巩固了城市长远发展的“水源生命线”。

公明水库

梅林水库

梅林水库（原名马泻水库）在1991年扩建加固，于1994年建成，位于深圳市中北部福田区下梅林，处于新洲河上游，总库容达1 309万 m^3。梅林水库饮用水水源保护区总面积为5.28 km^2，都是一级水源保护区。

梅林水库削减和蓄纳了下游新洲河的洪峰，减轻了深圳市福田中心区的防洪压力，目前是深圳市具有重要防洪、供水、调蓄功能的中型饮用水水源地。梅林水库三面山上的各种乔木、灌木枝繁叶茂，更有山泉多处，流经险峻处，便形成大小长短不一的瀑布。最有名的是一连三叠的马泻瀑布，四季长流、飞溅而下，“马泻水库”因此得名。

梅林水库

铁岗水库

铁岗水库兴建于1956年11月，位于深圳市宝安区西乡街道铁岗社区，东侧为羊台山，西侧为凤凰山，总库容达9 950万m^3。铁岗水库与石岩水库连通，两者饮用水水源保护区总面积为107.99 km^2，其中一级水源保护区面积为33 km^2，二级水源保护区面积为38.21 km^2，准水源保护区面积为36.78 km^2。

2020年以前，铁岗水库的水质经常是国家地表水III类水质，目前，铁岗水库饮用水水源水质达到了国家地表水II类标准。如今的铁岗水库，水面明净碧绿，山水映照之间，白鹭、翠鸟等多种鸟儿嬉闹捕鱼，水面常有水鸭戏水。

铁岗水库

石岩水库

石岩水库兴建于 1960 年 3 月，位于深圳市宝安区石岩街道西北部，总库容达 3 198.8 万 m^3。

石岩水库为深圳承担供水重任的同时，也给人们带来美丽的风景。石岩湿地公园里，24 座水系桥串联起人工湿地，水系两岸的簕杜鹃浓烈似火，莺啼燕舞穿梭其间，正是诗句“小桥流水飞红”所描写的惬意春景。

石岩水库

西丽水库

西丽水库兴建于 1960 年，位于深圳市区西北约 32km 大沙河上游，总库容达 3 238 万 m^3。西丽水库饮用水水源保护区总面积为 28.12 km^2，其中一级水源保护区面积为 8.88 km^2，二级水源保护区面积为 19.23 km^2。

曾经的西丽水库是深圳南北片区发展不均衡的典型，在人们多年的印象中，“一个水库，一个度假村，一个果场，天苍苍野茫茫，风吹果低鸡鸭羊”，似乎就是西丽的全部。近些年来，南山区对西丽不断加大投入，目前深圳 50% 以上的大学聚集在西丽水库片区，让南北地区在发展中更加“雨露均沾”。

西丽水库

第四节 水源保护区

水质与水源

水质

我们一直说水质，那么什么是水质呢？简单地说，水质就是水环境的质量，按照我们国家出台的《地表水环境质量标准》（GB 3833—2022），水质依据功能高低依次分为五类：

Ⅰ类（一类地表水）：主要适用于源头水、国家自然保护区。

Ⅱ类（二类地表水）：主要适用于集中式生活饮用水地表水水源地一级保护区、珍稀水生生物栖息地、鱼虾类产卵场、仔稚幼鱼的索饵场等。

Ⅲ类（三类地表水）：主要适用于集中式生活饮用水地表水

Ⅰ类

Ⅱ类

Ⅲ类

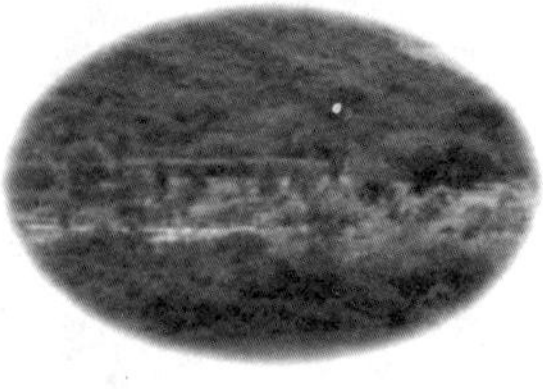

Ⅳ类

Ⅴ类

五类地表水

水源地二级保护区、鱼虾类越冬场、洄游通道、水产养殖区等渔业水域及游泳区。

Ⅳ类（四类地表水）：主要适用于一般工业用水区及人体非直接接触的娱乐用水区。

Ⅴ类（五类地表水）：主要适用于农业用水区及一般景观要求水域。

除了以上五类，在日常生活中，我们还有可能听到劣Ⅴ类水，什么是劣Ⅴ类水呢？劣Ⅴ类水就是水质比Ⅴ类水质还要差的地表水，新闻中常说的黑臭水体就是典型的劣Ⅴ类水。

饮用水水源

饮用水水源，也可以简称为水源，是指人们日常生活中所饮用的水的来源地。简单来说，饮用水水源就是为了制作饮用水而抽取的地表水和地下水，如自来水厂取水口所在的河流、湖泊，还有用来饮用的水井水。

是不是所有的地表水都可以作为饮用水水源呢？不是。为了安全饮水、保障身体健康，人们对饮用水水源的水质要求是很严格的。根据国家规定，水质必须达到Ⅰ类、Ⅱ类或者Ⅲ类标准的地表水才可以作为饮用水水源。

那么，自来水的水质是不是也要达到Ⅰ类、Ⅱ类或者Ⅲ类标准呢？不是。自来水和饮用水水源分别有各自的水质标准，而且自来水的水质标准比饮用水水源更为严格。饮用水要经过混合—絮凝—沉淀—过滤—消毒等数十道工艺和106项严格检测，检测合格的水才可以作为自来水。

饮用水水源保护区

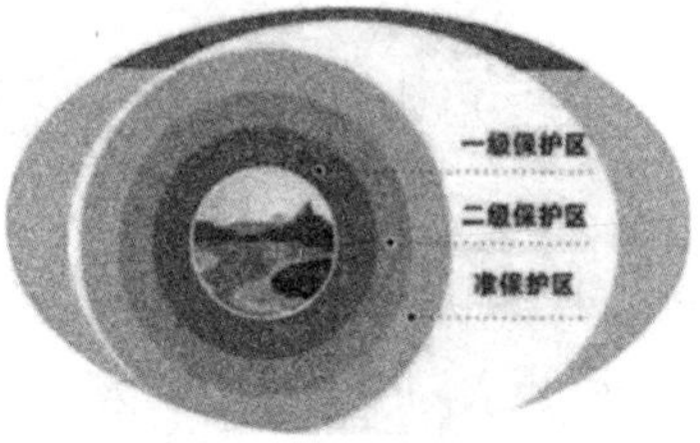

饮用水水源保护区

饮用水水源保护区，也可以说是饮用水水源保护地，是指人们为了保护饮用水水源不受人类活动的影响，保障饮用水水源的水质安全，根据国家要求而划定的受保护区域。凡是饮用水水源都要划定保护区，饮用水水源保护区既包括水域，也包括跟水域关系密切的陆域。

饮用水水源保护区是被严格保护的区域，保护区里一些人类活动是禁止的。根据受保护的程度，饮用水水源保护区可以分为一级保护区、二级保护区和准保护区。其中，一级保护区的保护要求最为严格，然后是二级保护区和准保护区。

一级保护区

一级保护区的水域范围一般为取水口上游不小于 1 000 m、下游不小于 100 m 的范围；陆域范围一般为水域边界往外扩充 50 m 或以上的范围。

二级保护区

二级保护区的水域范围一般为一级保护区的上游边界向上游（包括汇入的上游支流）延伸 2 000 m 或以上的范围，下游边界向下游延伸 200 m 或以上的范围；陆域范围一般为水域边界往外扩充 1 000 m 或以上的范围。

准保护区

准保护区的范围参照二级保护区的划分方法，其水域范围一般为二级保护区的上游边界向上游（包括汇入的上游支流）延伸 5 000 m，其陆域范围一般为水域边界往外扩充 200 m。

保护区标志

小朋友们，下面我们一起来认识一下饮用水水源保护区内一些常见的标志吧。

界标

界标是在饮用水水源保护区边界设立的标志，用来标识饮用水水源保护区的范围，提醒人们需要谨慎行为。

界标正面包括以下内容：

饮用水水源保护区图形。

饮用水水源保护区名称，包括“饮用水水源一级保护区”“饮用水水源二级保护区”“饮用水水源准保护区”。

监督管理电话。

标志代码。

界标背面包括以下内容：

饮用水水源保护区范围图，标明了保护区的准确地理坐标和范围。

各级饮用水水源保护区的管理要求。

设立单位，一般为人民政府。

设立时间，一般为饮用水水源保护区批复时间。

饮用水水源保护区
SOURCE WATER PROTECTION AREA
饮用水水源
一级保护区
监督管理电话：xxxxxxxx
代码：xxxxxxxxxxxx

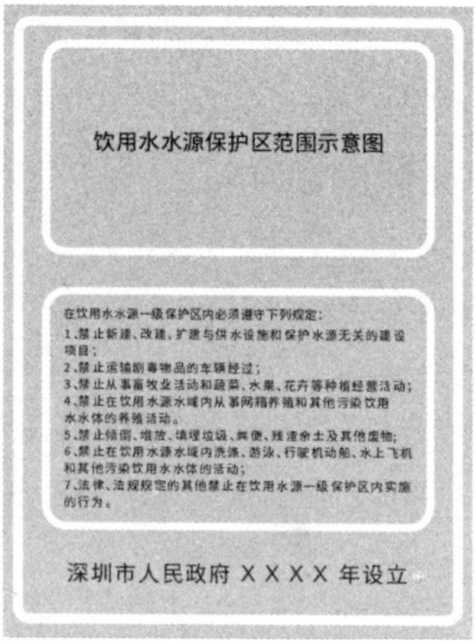
饮用水水源保护区范围示意图
在饮用水水源一级保护区内必须遵守下列规定：
1、禁止新建、改建、扩建与供水设施和保护水源无关的建设项目；
2、禁止运输剧毒物品的车辆经过；
3、禁止从事畜牧业活动和蔬菜、水果、花卉等种植经营活动；
4、禁止在饮用水源水域内从事网箱养殖和其他污染饮用水水体的养殖活动。
5、禁止倾倒、堆放、填埋垃圾、粪便、残渣余土及其他废物；
6、禁止在饮用水源水域内洗涤、游泳、行驶机动船、水上飞机和其他污染饮用水水体的活动；
7、法律、法规规定的其他禁止在饮用水源一级保护区内实施的行为。
深圳市人民政府 XXXX 年设立

饮用水水源保护区
SOURCE WATER PROTECTION AREA
饮用水水源
二级保护区
监督管理电话：xxxxxxxx
代码：xxxxxxxxxxxx

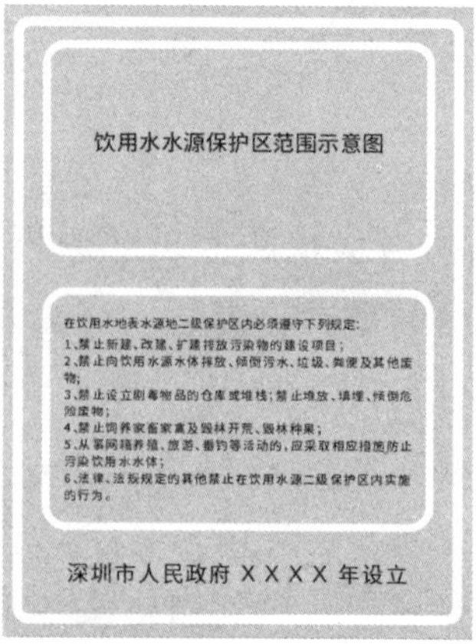
饮用水水源保护区范围示意图
在饮用水地表水源地二级保护区内必须遵守下列规定：
1、禁止新建、改建、扩建排放污染物的建设项目；
2、禁止向饮用水源水体排放、倾倒污水、垃圾、粪便及其他废物；
3、禁止设立剧毒物品的仓库或堆栈；禁止堆放、填埋、倾倒危险废物；
4、禁止饲养家畜家禽及毁林开荒、毁林种果；
5、从事网箱养殖、旅游、垂钓等活动的，应采取相应措施防止污染饮用水水体；
6、法律、法规规定的其他禁止在饮用水源二级保护区内实施的行为。
深圳市人民政府 XXXX 年设立

饮用水水源保护区
SOURCE WATER PROTECTION AREA
饮用水水源
准保护区
监督管理电话：xxxxxxxx
代码：xxxxxxxxxxxx

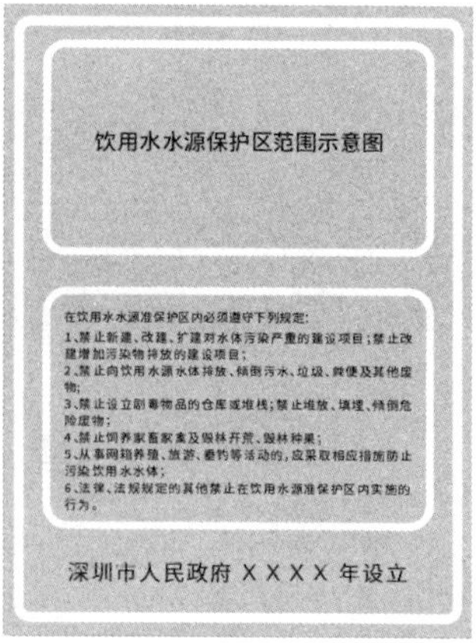
饮用水水源保护区范围示意图
在饮用水水源准保护区内必须遵守下列规定：
1、禁止新建、改建、扩建对水体污染严重的建设项目；禁止改建增加污染物排放的建设项目；
2、禁止向饮用水源水体排放、倾倒污水、垃圾、粪便及其他废物；
3、禁止设立剧毒物品的仓库或堆栈；禁止堆放、填埋、倾倒危险废物；
4、禁止饲养家畜家禽及毁林开荒、毁林种果；
5、从事网箱养殖、旅游、垂钓等活动的，应采取相应措施防止污染饮用水水体；
6、法律、法规规定的其他禁止在饮用水源准保护区内实施的行为。
深圳市人民政府 XXXX 年设立

界碑

界碑是在饮用水水源一级保护区边界设立的标志，用来标识饮用水水源一级保护区的范围。

界碑正面为“一级水源保护区”字样。

界碑背面为标志代码，如“代码 ×××××××××××××”字样。

界碑左侧面为水库名称，可从右至左多列排列，如“×××× 水库”字样。

界碑右侧面为设立单位和设立时间，其中设立单位为人民政府，设立时间为饮用水水源保护区批复时间，如“××× 人民政府 ×××× 年设立”字样。

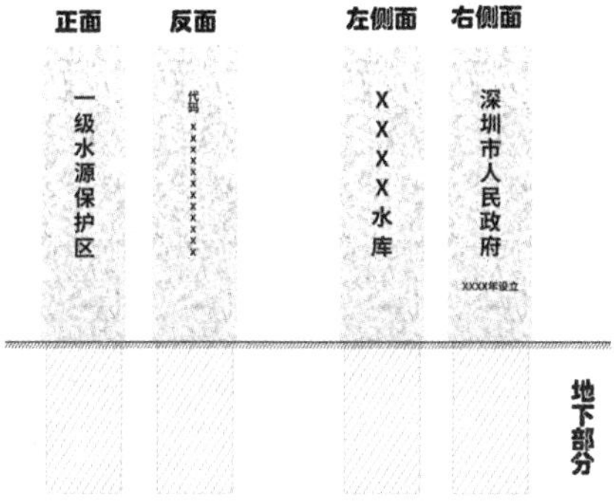

水源保护区界碑

道路警示牌

道路警示牌是为了警示车辆或行人进入饮用水水源保护区内道路时需谨慎驾驶或规范其他行为而设立的标志。

道路警示牌采用告示牌的形式。在一般道路采用蓝色底色，在高速公路采用绿色底色，在道路警示牌的下方可配合使用道路交通标志中的禁令标志或其他安全标志。

进入饮用水水源保护区，道路警示牌左边为饮用水水源保护区图形标，右边书写“您已进入 ×× 饮用水水源 × 级保护区，全长 ××km”，提示过往车辆及行人谨慎驾驶或规范其他行为，最下方靠右处书写“代码 :××××××××××××”。

驶离饮用水水源保护区，道路警示牌左边为饮用水水源保护区图形标，右边书写“您已驶离 ×× 饮用水水源 × 级保护区，感谢您的谨慎驾驶”，在穿越重要饮用水水源保护区、车流量较大的道路进出口处宜设立语音提醒警示系统，进一步提醒和

规范进入饮用水水源保护区的交通工具的行为，在最下方靠右处书写“代码：××××××××××××××”。

宣传牌

宣传牌是为了保护饮用水水源而对过往人群进行宣传教育所设立的标志。

饮用水水源保护区宣传牌包括以下内容：

“饮用水水源保护宣传牌”字样。

饮用水水源保护区图形。

饮用水水源保护区基本情况，包括保护区名称、位置、总保护区面积、主要供水厂、管理单位、监督管理电话。

饮用水水源保护区管理要求。

饮用水水源保护区范围图，图内嵌入饮用水水源保护宣传的二维码或小程序。

设立单位，一般为人民政府。

设立时间，一般为饮用水水源保护区批复时间。

标志代码。

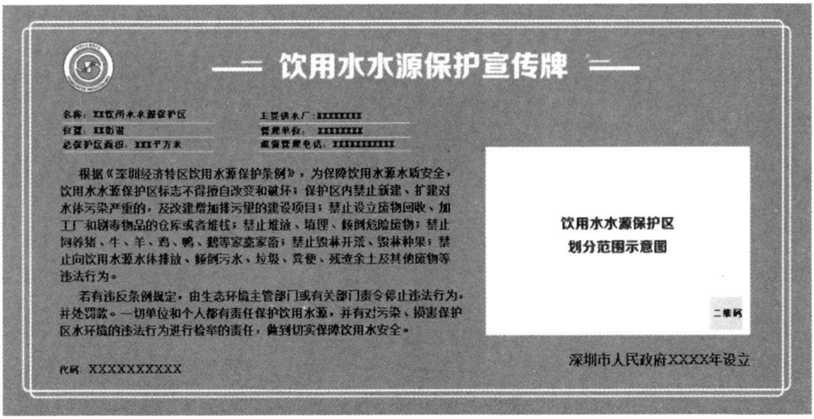

第四课 保护水源

第一节 水污染

什么是水污染

小朋友们，你们知道什么是水污染吗？顾名思义，水污染就是水体被污染了。比如河流等自然水体本身应该是无色无味的，如果河流等水体变得又黑又臭了，那么就是被污染了。

从严格的意义上说，水污染是一种现象，指的是水体因某种物质浓度过高，造成水质恶化，从而危害生态环境和人体健康的现象，如黑臭河流污染，就是一种看得见的水污染。如河水里面微塑料等物质的浓度过高，此时河流虽然也是清澈透明且无味的，但由于水质已经恶化，并危害到了生态环境和人体健康，因此也是被污染了，这是一种看不见的水污染。

水污染源

直白地说，水污染源就是水污染的源头，或者水中污染物质的来源。常见的水污染源有以下六种：

未处理且未达到国家标准排放的工业废水。

未处理且未达到国家标准排放的生活污水。

过度使用化肥、农药、除草剂而产生的农业污水。

大量开采产生的矿山污水。

堆放在河流、湖泊等水体旁边的生活垃圾和废弃物。

水源涵养林、森林等砍伐造成的水土流失。

常用的水污染指标

化学需氧量 (COD) 和氨氮 (NH_3-N) 是我们判断水体是否污染常用的两项指标。

COD 是用来判断水中能被氧化的有机物含量大小的指标，它是一个“反向指标”，即数值越低，表明水中能被氧化的有机物含量越小，水质越好。我们都知道，鱼能在水里生存，是因为水中含有氧气，水中的氧气量几乎是恒定的。如果 COD 浓度低，就意味着有机物消耗的氧气量小，水中的氧气能够保持鱼虾等水生生物的生存需要；如果 COD 浓度过高，就意味着有机物消耗的氧气量大，这时候鱼虾等水生生物将会死亡，导致厌氧菌大量繁殖，有机物在厌氧菌的作用下进一步分解，产生硫化氢、氨等臭味气体，这时水体就会变得又黑又臭。

NH_3-N 是用来判断水中营养物质（氮元素）含量大小的指标，它也是一个“反向指标”，数值越低，表明水中氮元素含量越小，水质越好。为什么要关注水中氮元素含量呢？因为氮元素是造成水华等水体富营养化现象的罪魁祸首，水中的营养物质过多，

拒绝水污染

水体的浮游植物会因突然大量繁殖而泛滥，水变得绿油油的，这就是水华现象。这时候，水中大量氧气被浮游植物占据，鱼虾等水生生物会因缺氧而死亡。

我国是全球 13 个贫水国之一，我们更要保护好珍贵的水资源，拒绝水污染！

污染水源的途径

在古代，人们因为饮用不洁净的水而丧命的事时常发生。即使在今天，水污染依然是造成全球大部分地区饮用水丧失的重要原因之一。

那么，今天我们就一起来看看污染我们饮用水水源的途径有哪些吧。归纳总结起来，饮用水水源污染主要有三种途径，分别是点源污染、面源污染和移动源污染。

点源污染

点污染源，顾名思义，就是以点状形式排放而造成饮用水水源污染的发生源。日常生产和生活中，企业产生的工业废水和居民区产生的生活

点源污染

污水都是通过管道排放的，如果这些排污管道的排污口放在水源附近，工业废水和生活污水就会流入水源处，从而造成污染。

点源污染的特点是污染源的数量多，污染物质成分复杂，水质会随着工业废水和生活污水的排放规律而变化，具有季节性和随机性。

面源污染

面源污染是指在降雨或者融雪的冲刷作用下，大量的固体污染物溶解到水中，通过雨水径流汇入饮用水水源中，从而引起污染和水体富营养化。

面源污染有农业面源污染和城市面源污染两大类。

农业面源污染主要是由于农田施用化肥和农药、畜禽及水产养殖、其他农业生产活动，以及农村居民生活活动中排放的污染物质和氮元素、磷元素等营养物质，通过地表径流汇入地

面源污染

表水源或渗漏到地下水源，引起污染和水体富营养化。

城市面源污染主要是由降雨径流的淋溶和冲刷作用产生的，城市里面的房屋表面和马路表面会沉积灰尘等污染物质，在大雨初期，这些污染物质会在短时间内被雨水冲刷、溶解带入径流之中，最后汇入饮用水水源，从而引起污染。

移动源污染

除了点源污染和面源污染外，还有一种就是移动源污染，它是指由位置不断移动的设备装置，如汽车等排放污染物造成的水源污染。例如，运输危险化学品的汽车就是移动污染源，当它在运输危险化学品的途中，经过饮用水水源的时候，如果发生了泄漏事故，那么泄漏的危险化学品将会流入水源中，从而引起污染。

移动源污染

水污染事件

世界环境水污染事件中，有三起发生在日本，下面让我们一起来了解一下。

水俣病事件

日本某公司排放的废水中含有汞，排放到海湾后经过某些生物的转化，形成甲基汞。甲基汞在海水、底泥和鱼类中富集，又经过食物链进入人体，使人中毒。当时，最先发病的是爱吃鱼的猫，中毒后的猫发疯痉挛，纷纷跳海自杀，几年后，水俣地区连猫的踪影都不见了。1956 年，出现了与中毒后的猫症状相似的病人，因为病因不清，所以用当地地名命名，即"水俣病"。1991 年，公布的中毒病人仍有 2 248 人，其中 1 004 人死亡。

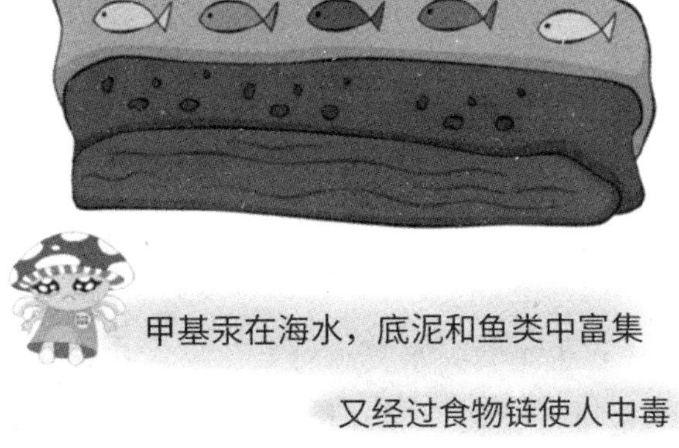

骨痛病事件

这是由日本某矿业公司引发的水污染事件。该公司在某河流上游开设了炼锌厂后，发现附近有死草现象。1955 年以后，就开始流行一种不同于水俣病的怪病，发病者全身多处骨折，有的达 73 处，身高也缩短了 30 cm。这种起初不明病因的疾病就是骨痛病。直到 1963 年，方才查明骨痛病与该公司炼锌厂的废水有关。原来，炼锌厂向附近河流排放的废水中含有金属镉，农民引河水灌溉，便把废水中的镉转到土壤和稻谷中，两岸农民饮用含镉之水，食用含镉之米，镉在体内富集，最终导致骨痛病。

骨痛病来源

水污染一直也是我国水资源的重大威胁，希望能够引起小朋友们警惕，真正重视水环境保护。保护水环境，人人有责！

第二节 保护水源的措施

生态隔离带

生态隔离带是用来吸收空气中的有害气体、隔离各种废弃物和污染物的绿化带，包括防护林、防护绿地等。生态隔离带一般在饮用水水源保护区及其周边重要区域外围设置防护林、草地等丰富的植被屏障，从而将饮用水水源保护区与外界环境隔离，避免饮用水水源受到外界环境和污染源的影响与破坏，保障饮用水水源的安全。按照我国的标准，生态隔离带的长度不小于 1 000 m，宽度不小于 50 m。

生态隔离带

截断污染

通过学习，我们知道饮用水水源污染一般有三种途径，分别是点源污染、面源污染和移动源污染，其中影响较大的是点源污染和面源污染，点源污染的污染源数量众多，面源污染的污染范围广、面积大。

为了保护饮用水水源不受影响，人们一般会采用工程技术来截断点源污染和面源污染，这些工程技术可以分为截污纳管和面源控制两大类。

截污纳管

截污纳管是控制点源最直接有效的工程技术，也是采取其他技术措施的前提，主要用于城市沿岸污水排放口、初期雨水或旱流水排放口等，从源头上防止污水流入饮用水水源。截污纳管一般沿河沿湖铺设污水截流管线，并合理设置提升（输运）泵房，将污水截流并运输到污水处理厂。

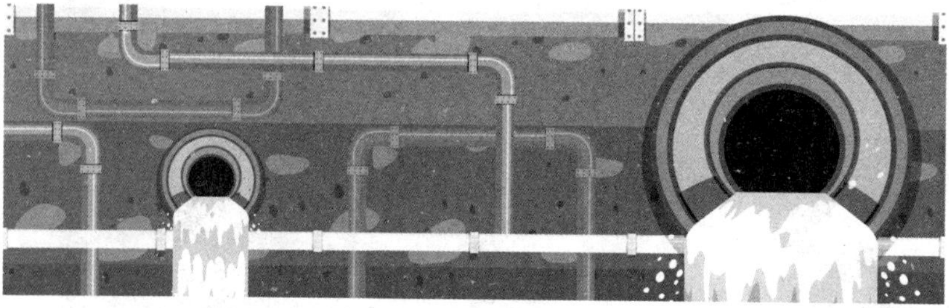

截污纳管

面源控制

面源控制包括各种低影响土地开发技术、初期雨水控制与净化技术、地表固体废物收集技术、土壤与绿化肥流失控制技术等，主要用于城市初期雨水、农村畜禽养殖污水、地表固体废物等面源的控制与治理。面源控制技术的影响范围广，经常受城市交通、用地类型等因素制约。

雨水收集系统

改进农业生产

农业面源污染是由农业生产活动产生的，农业生产活动排放的氮素和磷素等营养物质，通过雨水径流流入水体，引发水华等水体富营养化现象，严重威胁饮用水水源的安全。农业面源污染已成为我国主要环境污染之一，也是世界共同关注的一个严重的环境问题。

目前，控制农业面源污染的有效方式是科学技术，改进农业生产方式，发展绿色、有机农业，包括在农业生产活动中不使用化学合成的农药、化肥、生长调节剂、饲料添加剂等物质，遵循自然规律和生态学原理，实施等高耕作、梯田耕作以及保留收割时的残留物，利用秸秆还田、绿肥施用等措施保持土壤养分循环，降低径流坡度，尽量减少土壤表层的人为扰动，从而降低污染物进入水体中的概率。选用低毒农药，低毒农药是指通过改良农药的毒性，易被土壤吸收、分解，不会对环境及农产品造成污染的高效、低毒、低残留的安全农药。施用缓释肥，缓释肥是在化肥颗粒表面包上一层很薄的疏水物质，对肥料养分释放速度进行调整，控制养分释放速度，提高肥效，减少肥料施用量和损失量，从而降低环境污染。

有机农业

建造湿地

天然湿地是“地球之肾”，可以有效净化水质，利用天然湿地改善水质并非一项新技术，早在古代中国和埃及，这种观念就贯穿于人们的日常生活中。随着科学技术的发展，通过模拟天然湿地，人工建造湿地，利用植物和微生物净化水质，保护水源。

人工湿地可以分为表面流湿地和潜流湿地两大类。表面流湿地和天然湿地最接近，水流在填料表面漫流，这种人工湿地的水位较浅，底部含 0.2 ～ 0.3 m 厚的土壤或其他介质用来为水生植物着根，然后在上面种植挺水植物。潜流湿地让水流在填料表面下渗，这种人工湿地往往在中间填充 0.4 ～ 0.6 m 厚的可透水性砂土或砾石作为介质，在上面种植挺水植物，使得水流在表层下的砂土和根系间流动，水在与基质和植物根系充分接触的同时被净化。

深圳东涌湿地工程

种植树木

为了防止水土流失威胁饮用水水源的安全，人们一般会在饮用水水源保护区及周围重要区域种植水源涵养林。水源涵养林是具有特殊意义的水土防护林之一。它是专门用来涵养水源，以保护饮用水水源为主要目的而种植的森林、林木和灌木林，具有涵养保护水源、调洪削峰、防止土壤侵蚀、净化水质等生态服务功能。

水源涵养林可以有效防止饮用水水源遭受物理、化学和生物的污染，减少进入水体的泥沙。降水沿树干流下时，树下的枯枝落叶会对水中的污染物进行过滤、净化。

水源涵养林在幼林阶段要特别注意封禁，保护好林内死地被物层，以促进养分循环和改善表层土壤结构，尽快发挥森林的水源涵养作用。当水源涵养林达到成熟年龄后，要严禁大面积砍伐，重要水源区要禁止任何方式的采伐。

水源涵养林

道路管理

一些高速公路、道路会从饮用水水源保护区穿过，有些饮用水水源保护区的水域本身也是航道，当车辆或船舶经过饮用水水源保护区时，如果发生意外和事故，就会严重影响饮用水水源。为了防止移动污染源的破坏，人们一般会对饮用水水源保护区内的道路或航道进行交通管理，包括公路、铁路和水路三方面。

公路管理

车辆限行：饮用水水源一级保护区内，禁止公路运输有毒有害物质。饮用水水源二级保护区内，不得建设服务站、加油站，严格限制运输有毒有害物质。

设置防护栏和应急池：对存在危险品运输的公路和跨线桥应设置防护栏等安全隔离防护设施，修建应急收集池，必要时可设置小型净化池。

污水处理：在公路沿线设置的管理区、养护工区、服务区等产生的生活污水应经处理达标后排放。

铁路管理

严格限制有毒有害物质的运输，车站、机务段等存在固定污染源的场站应避开饮用水水源一级保护区和饮用水水源二级保护区。

水路管理

船舶限行：饮用水水源一级保护区内，禁止设置装卸码头；饮用水水源二级保护区和准保护区内，禁止设置危险品装卸码头。

船舶清洗：清洗船舶需远离饮用水水源保护区，应在饮用水水源保护区的下游或下风向的港口进行清洗。

监控与巡查

为了保障饮用水的安全，人们会对饮用水水源保护区进行监视，主要有摄像头监控和巡查员巡视两种形式。摄像头监控对重点关注区域进行全天24小时、全年无休的监视；巡查员巡视则是定期开展，全面查看饮用水水源保护区。这两种监视形式互相补充，最大限度地保障了饮用水水源保护区的安全。

巡查员巡视主要的关注点如下：

排污口和排放污水的行为。

堆放或者倾倒化工原料、矿物油类、工业废弃物、生活垃圾、粪便等固体废物的行为。

清洗贮存油类或有毒污染物的车辆。

毒鱼、电鱼、炸鱼、喷洒农药等行为。

破坏或损毁防护网、保护区标志、防护林、防撞栏、应急收集池等行为。

洗衣、洗菜、旅游、游泳、垂钓等行为。

在线监控系统

砍伐水源涵养林等行为，森林火害隐患、病虫灾害等情况。

事故应急

当饮用水水源保护区发生污染事故时，管理部门会立即启动应急程序，最大限度地减缓污染事故对水源的影响。事故应急一般包括快速出击、现场调查、应急监测、污染控制四个方面，让我们一起来了解下吧。

快速出击

接到污染事故报告后，管理部门会立即成立应急指挥部，指挥应急监测、污染防控、医疗、救援、交通等各个工作组，在最短时间内赶赴污染事故现场，启动应急处置预案。

现场调查

现场调查工作是为了进一步了解污染事故基本情况，并提出科学合理的处置方案。开展现场调查工作，首先，需要调查污染源，开展环境监测，照相、摄影和录音，做好调查记录；其次，给出调查分析结论，包括污染事故的原因、经过、主要污染物、污染途径、污染范围和受影响人群等；最后，向应急指挥部提出科学合理的处置方案，最大限度地减缓污染事故的影响。

应急监测

污染事故应急监测工作主要是由生态环境部门负责。首先，制定合理的监测方案，保障应急监测有序开展；其次，根据监测结果，分析污染趋势和形势；最后，预测并报告污染事故的发展情况和污染物的变化情况，作为应急决策的依据。

污染控制

各个工作组到达现场后，在应急指挥部的指挥下参与现场污染事件的控制和处理。首先，切断污染源或泄漏源，尽可能减少污染物的产生。其次，采取关闭、封堵、收集、转移等措施，防止污染物扩散，控制污染或泄漏范围。最后，根据现场情况，划定警戒线范围，禁止无关人员靠近。

第三节 水源保护区行为指南

一级保护区

小朋友们注意了，一级保护区内以下行为是禁止的：

禁止建设与供水设施和保护水源无关的建设项目。

禁止设置工业、生活排污口。

禁止畜禽养殖、网箱养殖、旅游、游泳、垂钓或者其他可能污染水源的活动。

禁止新增农业种植和经济林，并严格控制化肥、农药等非点源污染，保护区内农业种植逐步退出。

一级保护区禁止的活动

二级保护区

小朋友们注意了，二级保护区内以下行为是禁止的：

禁止新建、改建、扩建排放污染物的建设项目。

禁止设置工业和生活排污口，保护区内城镇生活污水经收集后引到保护区外处理排放，或全部收集到污水处理厂（设施），处理后引到保护区下游排放。保护区内城镇生活垃圾全部集中收集并在保护区外进行无害化处置。

禁止建设易溶性、有毒有害废弃物暂存或转运站。禁止建设化工原料、危险化学品、矿物油类及有毒有害矿产品的堆放场所。生活垃圾转运站应采取防渗漏措施。

禁止建设规模化畜禽养殖场（小区），保护区划定前已有的规模化畜禽养殖场（小区）全部关闭。

二级保护区禁止的项目

准保护区

小朋友们注意了，准保护区内以下行为是禁止的：

禁止新建（扩建）制药、化工、造纸、制革、印染、染料、炼焦、炼硫、炼砷、炼油、电镀、农药等对水体污染严重的建设项目；

保护区划定前已有的上述建设项目不得增加排污量并逐步搬出。

禁止建设易溶性、有毒有害废弃物暂存和转运站，并严格控制采矿、采砂等活动。

准保护区内工业园区企业的第一类水污染物达到车间排放要求、常规污染物达到间接排放标准后，进入园区污水处理厂集中处理。

禁止毁林开荒行为，水源涵养林建设满足国家标准要求。

准保护区内允许改建项目

从我做起

饮用水水源关乎千家万户的饮水安全和身体健康，保护水源，人人有责，应该从自己做起，自觉守护水源安全！

保护水源，我们应该这样做：

不在饮用水水源保护区的水域进行游泳、垂钓、烧烤、戏水，自觉抵制污染水源的行为。

不乱扔垃圾、果皮等废弃物。

不擅自进入饮用水水源保护区有明显禁令、危险标志的区域。

发现有污染水源和破坏水源保护设施的行为时，应及时拍照取证，并向现场管理人员举报或拨打“12369”进行报案。

发现水源漂浮动物尸体、生活垃圾或其他不明异物，发现水源的水质异常、颜色变得污浊或散发臭味，都应立即向现场管理人员反映或拨打“12369”进行报告。

第四节　一起行动

公益活动

小朋友们可以参加与水源相关的公益活动，为保护水源贡献自己的一份力量。如深圳市饮用水源保护管理办公室会不定期在水源地举办一些健步行活动，以徒步形式游览水库和步道风景，呼吁市民关注饮用水水源安全，传播饮用水水源保护理念，共建“绿水青山”的美丽深圳。

健步行活动

义务巡查

义务巡查是深圳市饮用水源保护管理办公室于 2019 年首创的。义务巡查作为政府管理和保护水源的有益补充，是公众参与水源地管理和保护的主要途径之一。

义务巡查员在报名后，需要通过专门培训且现场考试合格后才能持证上岗。在巡查过程中，必须依据规定，拍照取证，如实反馈水源地的实际情况和问题。

参与义务巡查时，一定要注意以下几点：

提前熟悉水源地的基本情况，包括水源保护区的范围、巡查路线以及周边基本情况。

充分准备物资，如充电宝、驱蚊水等。

巡查过程中要结伴出行，确保人身安全。

留意野外的毒蛇和蜂窝，时刻注意安全。

民间河长

什么是民间河长？

目前我国已建立了由各级党政主要负责人担任河长的制度，即负责辖区内河流污染治理的制度，这就是“河长制”。

民间河长是公众通过一些认可的渠道参与“河长制”，自觉充当河流的代言人，充当官方河长或相关部门的桥梁，通过挖掘河流污染成因，为河流的治理和保护献策，是“河长制”的有益补充。

民间河长要做什么？

民间河长一般有以下四项工作内容：

巡查河流，监督举报河流的乱排偷排、违章建筑、垃圾堆放或倾倒等问题，做好拍照取证和调查记录工作。

监测水质，利用快速检测工具定期监测河流水质，建立水质检测记录。

为民发声，收集河流沿岸居民对治水的意见及建议。

对话官方，主动联系河长或水务、环保等相关部门，积极反馈河流的问题和民众的意见。

监督举报

水源相关监督举报一般有四种主要途径：环保举报热线电话“12369”、“12369 环保举报”微信公众号、“12369”网络举报平台网站、生态环境部门官方微博。

环保举报热线电话“12369”

第一步：看到污染拍照留下证据。

第二步：拨打（如跨地区需要加区号）“12369”，接通的将是生态环境部门，“12369”属于 24 小时开通电话。

第三步：向接线员说清楚所举报的水源问题发生的时间、地点（参考物或地理坐标），水源问题的描述，并向接线员提出希望在 15 个工作日内回复处理结果的要求。

“12369 环保举报”微信公众号

第一步：没有关注“12369 环保举报”微信公众号首先关注公众号，进入公众号后选择“我要举报”。

第二步：填写您的基本通讯信息。

第三步：选择污染描述关键词。点击界面中“其他”选项，可以选择水污染的类型，往下拉到最后选择生态破坏中的水源地破坏。

第四步：填写具体饮用水源问题举报信息，包括现场照片、问题等。确认填写信息完成后，确定提交举报信息。

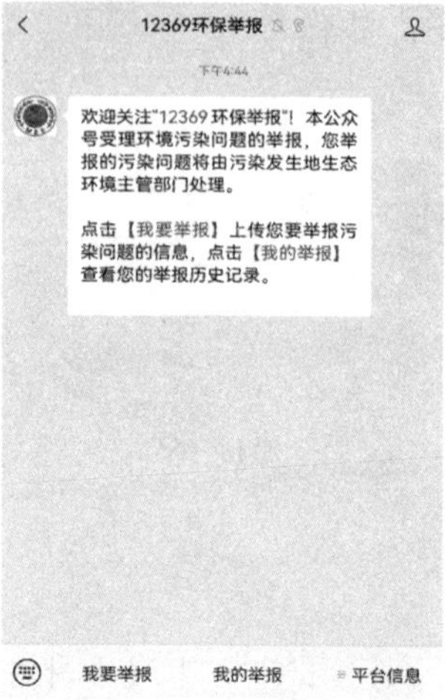

第一步：没有关注“12369 环保举报”微信公众号首先关注公众号，进入公众号后选择“我要举报”。

第二步：填写您的信息。

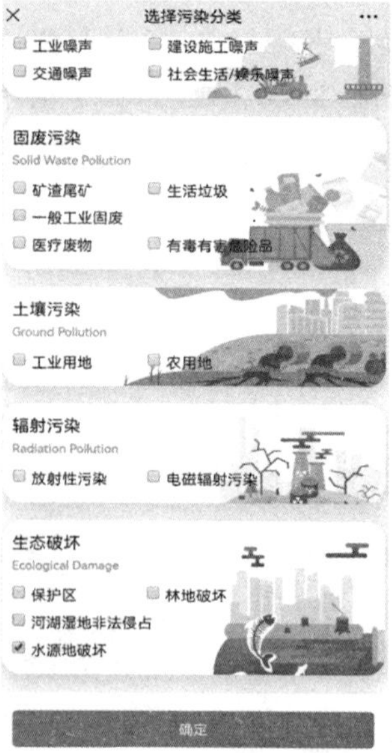

第三步：选择污染描述关键词。点击界面中“其他”选项，可以选择水污染的类型，往下拉到最后选择生态破坏中的水源地破坏。

第四步：填写具体饮用水源问题举报信息，包括现场照片、问题等。确认填写信息完成后，确定提交举报信息。

“12369”网络举报平台网站

第一步：访问“12369”网络举报平台网址为：http://1.202.247.200/netreport/netreport/index，选择“我要举报”。

第二步：选择你要举报的水源问题的地点。

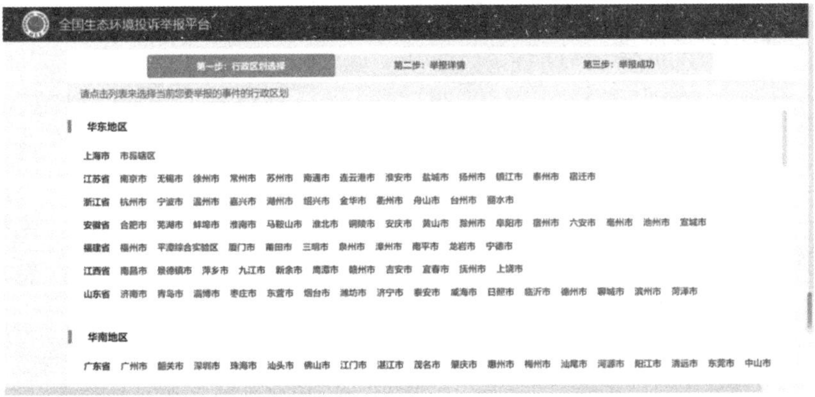

第三步：在举报详情中，填写你的信息、水源问题的描述，选择污染类型，上传证据照片，最后提交确认。

生态环境部门官方微博

各地生态环境部门在微博上都有官方平台，描述水源问题位置并上传证据照片后，@ 官方平台。